绿色建筑施工技术及施工管理研究

刘嘉辉 / 著

中国商业出版社

图书在版编目（CIP）数据

绿色建筑施工技术及施工管理研究 / 刘嘉辉著 . 北京 : 中国商业出版社, 2024. 6. -- ISBN 978-7-5208-2943-4

Ⅰ. TU74

中国国家版本馆 CIP 数据核字第 2024R9M682 号

责任编辑：袁　娜

中国商业出版社出版发行

（www.zgsycb.com　100053　北京广安门内报国寺 1 号）

总编室：010-63180647　编辑室：010-83128926

发行部：010-83120835/8286

新华书店经销

北京厚诚则铭印刷科技有限公司印刷

*

710 毫米 × 1000 毫米　16 开　6.25 印张　102 千字

2024 年 6 月 第 1 版　2024 年 6 月 第 1 次印刷

定价：48.00 元

* * * *

前 言

随着社会经济、科技的发展以及人们生活水平的不断提高，资源短缺和环境污染将成为这个时代所面临的主题。从可持续发展的角度出发，绿色生态建筑越来越受到人们的青睐。

绿色施工是在国家建设“资源节约型、环境友好型”社会、倡导“循环经济低碳经济”的大背景下提出并实施的。绿色施工从传统施工中走来，与传统施工有着千丝万缕的联系，又有很大的不同。开展绿色施工，为我国建筑业转变发展方式开辟了一条重要途径。绿色施工要求在保证安全、质量、工期和成本受控的基础上，最大限度地实现资源节约和环境保护。推行绿色施工符合国家的经济政策和产业导向，是建筑业落实科学发展观的重要举措，也是建设生态文明和美丽中国的必然要求。

本书主要针对绿色建筑和绿色施工的概念和相关施工技术实践以及施工管理进行了详细阐述，首先介绍了绿色建筑概念与发展历程，然后阐述了绿色建筑技术与绿色施工技术，最后分析了绿色施工组织与管理、绿色施工环境保护管理、绿色建筑运营管理等内容。

本书在写作过程中一直是在各级领导、同事和行业专家的支持和配合中完成的，本书的顺利出版也得益于我校对学术专著的积极支持政策。同时该书的撰写过程也得到了家人的大力支持和广泛理解，才得以使我能够全身心地投入创作之中。最后，还要感谢中国商业出版社的编辑，是他们为本书的顺利出版做出了大量辛勤的劳动，才最终使这本书得以呈现在读者面前。由于本人才疏学浅，加之可资参考和借鉴的资料不多，书中存在很多不足和欠缺之处，真诚希望各位同人和广大读者批评指正，不吝赐教。

目 录

第一章
绿色建筑综述

第一节　绿色建筑简述

一、绿色建筑概念及其内涵

翻开古老的建筑史，犹如一部营造“千秋大业”的长卷，从初期的遮风挡雨的陋室到现在环境优美的高大建筑，人们在沉迷物质生活的同时，开始慢慢认识到建筑给生存环境带来的破坏和危害，绿色建筑应时而生。绿色建筑是指在建筑的全寿命周期内，最大限度地节约资源（节能、节地、节水、节材）、保护环境和减少污染，为人们提供健康、适用和高效的使用空间并与自然和谐共生的建筑。

绿色建筑的概念最早是由世界自然保护联盟在《世界自然环境保护大纲》中提出的，又被称为“生态建筑”。其理念旨在高效节能地使用地球资源，从建材的生产到建筑的规划施工，再到运营维护，最后到拆除回用的整个过程，最大限度地降低地球资源的占有和消耗率以及减少废弃物和有害物质的排放。“四节”（节能、节地、节水、节材）和环保是绿色建筑的核心内容，新形势下提倡低耗高效、健康舒适的绿色建筑生产、生活方式，提倡使用对提高环境品质有利的先进技术、新型材料，是符合21世纪可持续发展绿色建筑基本要求的。绿色建筑概念的内涵如下。

（一）全寿命周期

全寿命周期，顾名思义即产生—发展—退出的全过程，从建材的选料到建筑活动结束后资源的回收再利用形成了绿色建筑的全寿命周期。经济效益、社会效益和环境效益的统一性决定了对绿色建筑全寿命周期的要求，即其不仅要保证建筑的使用寿命，还需要具有未雨绸缪的前瞻性，也就是要求其能够轻松地应对未来的变化和发展。因此，绿色建筑设计的重点是最大可能地延长建筑的使用寿命。

（二）节能减排

为了减少对不可再生资源（自然界的各种矿物、岩石和化石燃料等）的消耗，绿色建筑设计倡导改变以往的思维方式和设计观念，实现了由高能耗模式向低能耗模式的转化；依靠先进的节能技术降低消耗，建设新能源，使太阳能等绿色环保的清洁能源得到了充分利用，减少了空调采暖和制冷的使用；在建造材料的选择中，合理使用资源，减少材料消耗、降低噪声污染和二次装修污染等，力求资源的可再生利用。

（三）可持续发展

我国单位建筑能耗如建筑用钢、混凝土水泥使用，产生的温室气体以及北方城市煤烟污染等越来越严重，造成了严重的环境污染，已成为阻碍我国可持续发展的一大难题。建设生态城市，实现经济、社会和环境的可持续发展是我国现阶段的迫切要求，良好的建筑环境和空间环境是建设生态城市的标准之一。在建设的过程中促进资源和能源的有效利用，减少环境污染，保护资源和生态环境，有利于促进社会经济的可持续发展。

绿色建筑实现了人与环境的协调和统一，因而具有生态性、安全舒适性、先进性的特点，所以受到人们的广泛欢迎。绿色建筑的生态性是指建筑从最初的设计到施工再到最终的使用均尊重生态规律，注重对生态环境的保护；因地制宜，能结合当地的地形、地貌、气候特征等地域条件，最大限度地利用自然通风、自然采光，既能提高住户的舒适度又能降低能耗；建材选取时将环保材料和循环利用材料作为首选，以提高自然资源的利用率，并减少加工过程的污染物排放。安全舒适性是指绿色建筑在选址上应注意避免周边洪涝灾害、滑坡泥石流等地质灾害的威胁，建筑场地应远离电磁辐射污染源和易燃、易爆、有毒物质危险源。选择的建筑材料和装修材料应符合环保标准，不危害人体健康。同时绿色建筑在设计与施工的过程中不应只关注建筑本身，还应重视建筑周围人文环境、视觉环境及景观环境的建设，将建筑与环境融为一体，拉近人与自然的距离，增进人与自然之间的亲和力，实现人与建筑、自然的和谐共处。绿色建筑的先进性是指采用电子通信和自动化技术，建造智能化大楼，将建筑的“智能”和“绿色”融为一体。

二、绿色建筑的目标

绿色建筑的目标是达到人与自然安全健康、和谐共存、生活宜居的追求和愿望。绿色建筑研究和实践过程中也提出了“实现保护生态、节能减排，创造可持续发展的人类生活环境”的目标。第一，解决人类发展所必备的自然资源、环境可持续、稳定、均衡地提供保障的问题；第二，控制和约束人类行为消耗自然资源的规模、水平与效率；第三，保持社会生态系统功能的完整性和丰富度，使历史文化的传承能在建筑中得以表达，达到借鉴、继承与发展相结合，实现人类生存观的修正、优化与进步；第四，使建筑景观以科学的发展观实现人类社会可持续发展的诉求，通过提高科技水平和高新技术的推广应用，降低资源消耗，达到和谐、宜居的生态人居环境；第五，发展新资源、再生资源，缓解并最终解决威胁人类社会发展进步的自然资源与环境的瓶颈问题。

我国绿色建筑和建筑节能发展的量化目标：新建建筑完成新建绿色建筑面积 10×10^8 平方米，20%的城镇新建建筑达到绿色建筑标准要求；在既有建筑节能改造目标基础上，实施北方采暖与夏热冬冷地区的建筑供热计量和节能改造、公共建筑和公共机构办公建筑节能改造、农村危房节能改造。

绿色建筑较传统建筑，能耗大大降低。绿色建筑的建设尊重当地自然、人文、气候的条件，因地制宜，就地取材，没有明确的建筑模式和规则；充分利用自然条件，如绿地、阳光、空气，注重内外部的有效联通，其开放的布局较封闭的传统建筑的布局有很多优势。绿色建筑不仅是一个物质的构筑，更是一个具有生命意义的生命体。绿色建筑建设过程中，对整个过程都注重环保因素，其构建的方式也是人类智慧集成的技术和科学能力的表达与应用。

三、绿色建筑的原则

（一）和谐原则

绿色建筑的和谐原则体现了人与自然共生共融的设计理念，强调在住宅建筑的规划、设计、施工乃至运营过程中，必须将自然的规律和特性纳入考量，以确保建筑与环境之间的平衡。通过采用可持续的建筑材料、优化能源利用和减少资源浪费，绿色建筑致力于最小化对环境的负担，同时为人类居住提供更为安全、健康的生活空间。在这种理念指导下，设计师和施工者必须与自然环境对话，充分考虑地理、气候、生态等因素，通过创新的设计和施工技术，实现建筑与环境的和谐共融。这样的建筑不仅能够为居住者提供舒适的居住体验，而且在促进社会经济发展的同时，还能够确保地球资源的可持续利用，为后代留下宜居的环境。这种和谐原则已不仅是一个设计理念，而是追求绿色生活、负责任的社会行为和可持续发展道路上的必然选择。

（二）适地原则

适地原则着眼于绿色建筑与其所处环境的深度融合，要求建筑设计和施工过程中应充分考量地理、气候、文化和社会经济条件，打造既节能高效又舒适健康的居住空间。这一原则强调，建筑的形态、结构和选材要与当地的气候相适应，旨在最大化自然光照和通风，减少能耗，同时确保室内空气质量和舒适性。适地原则还意味着在建筑布局和景观设计中须考虑到本土植被的保护与利用以及地形对建筑物的天然保护作用。它倡导在选址和规划时，优先利用已有的交通和基础设施，以减少对新土地的需求和对环境的进一步干预。而在建筑材料的选用上，应优先使用当地可持续获取的资源，这不仅可以减少运输过程中的碳排放，而且还可以支持当地的经济发展。通过这种全面综合的考虑，绿色建筑不仅实现了与自然环境的和谐共生，而且促进了建筑功能与地方特色的有机结合，为居住者提供了安全、健康及文化认同感的居住环境。

（三）节约原则

节约原则是绿色建筑设计和施工的核心，旨在通过高效利用资源，最小化建筑对环境的影响。节约原则强调在建筑的整个生命周期中，从规划、设计、建设、运营到拆除各个阶段，都应实行资源的节约和循环利用。在能源使用上，绿色建筑应优先考虑采用高效的节能技术和设备，以降低对传统能源的依赖，同时积极引入太阳能、风能等可再生能源系统，实现能源的自给自足。水资源的节约也同样重要，通过雨水收集、再生水利用等措施，旨在减少对自然水资源的消耗。材料使用方面，鼓励选用可回收、可再生的建材，减少一次性消耗品的应用，推动建筑材料的循环经济。我国建筑业在转型升级的过程中，面临能源消耗过高和资源浪费的问题，实施节约原则显得尤为迫切。这不仅要通过政策引导和规范制定来加以约束，还需要在技术创新和管理优化上下功夫，建立起一套完整的资源节约和循环利用体系，只有这样才能确保绿色建筑在促进经济社会发展的同时，保护和改善自然环境。

（四）高效原则

高效原则鼓励采用最新的节能技术和可持续工艺，如采光和自然通风设计、高效保温材料的应用、智能化能源管理系统等，以确保建筑的能源使用效率最大化。高效原则还强调建筑物应与其所处的环境协同发展，通过智能设计减少对人工照明和制冷制热等能源的需求，同时也促进了室内空气质量和光照条件的改善。在绿化设计中，通过选择适宜的植物和布局，可以有效调节微气候，减少建筑对环境的热负荷。绿色建筑还通过对废弃物的分类和回收再利用，减少了对环境的污染和对资源的消耗。这种从宏观到微观的高效利用，不仅有助于减少运营成本，同时也响应了节能减排的环保理念，对于推动可持续发展具有重要意义。在我国建筑业中，实施高效原则不仅是技术创新的要求，更是对建筑业转型升级的深刻认识，它要求我们重新思考和塑造建筑与环境互动的新模式，旨在为后代创造一个更加宜居和谐的生活空间。

（五）舒适原则

绿色建筑的舒适原则是以人为本，关注居住者的身体健康和心理福祉，力图创造出一个既安全又舒适的居住环境。符合舒适原则的绿色建筑不仅提高了居住者的满意度，同时也体现了对环境的尊重和对未来可持续发展的承诺。

（六）经济原则

绿色建筑的经济原则着眼于长期的成本效益分析，强调在建筑的整个生命周期中实现经济效益的最大化。这不仅包括初期的建设成本，也涵盖了后续的运营、维护以及最终的拆除成本。经济原则鼓励采用成本效益高的设计方案、材料和技术，降低能源消耗和水资源的使用，减少废物产生，从而在运营阶段实现节约成本。

（七）人文原则

人文原则深刻体现了建筑与人类文化、历史传承和社会价值观的紧密联系。一砖一瓦都承载着时代的记忆，每一处设计都透露出对居住者情感与精神需求的关怀。建筑不仅是空间的组合，更是文化的容器，它通过与周边环境的对话，通过对材料、色彩、光影的精心挑选和配置，展现了设计者的创意与对生活品质的追求。人文原则鼓励在绿色建筑的设计与施工中尊重并融入地方文化，以及居民的生活方式和社区的特色，使建筑本身成为生活的一部分，而非孤立地存在。

四、绿色建筑设计的策略分析

（一）因地制宜

在绿色建筑设计中，因地制宜的原则强调根据地理位置、气候特征和文化背景等因素量身打造建筑方案。设计师通过深入分析区域内的温度波动、湿度情况及其他自然环境因素，创建出既符合当地生态环境又满足功能需求的建筑。通过优化建筑的方位、结构和材料，建筑能够在更大程度上利用自然采光和通风，这样不仅增强了居住和使用的舒适度，同时也显著降低了对人工照明和空调的依赖，有效减少了能源消耗和环境污染。这种设计方法体现了与自然环境和谐共生的理念，展现了建筑的可持续性和对未来负责的态度。

（二）选址和现场设计

理想的绿色建筑场地应紧邻交通枢纽，以减少居民和使用者的通勤距离，进而降低交通带来的碳排放和时间成本。同时，地点的选择要充分考虑地域的自然和气候特性，挑选可以最大化自然资源利用的位置，如阳光、风力等，以及有利于实现可持续绿化的地区。这样的选址不仅有助于提高建筑的能源效率，还能增强居住者的健康与幸福感，并且在建筑的生命周期内减少对能源的依赖和降低运营成本。正确的选址是实现绿色建筑理念的第一步，它将建筑与其所处的环境紧密相连，形成一个共生的生态系统。

（三）建筑布局设计

通过精心规划，可以最大化地利用自然资源，提升室内环境的品质，同时减少能源消耗。良好的建筑布局设计考虑植被配置，以树木和植物为自然屏障，降低建筑物的热负荷，为室内带来清凉。同时，建筑朝向的选择需考虑地理位置的特定经纬度和风向，以促进太阳能和风能的有效利用，实现自然采光和通风，增强建筑的能源自给自足。地形的巧妙利用也是节约能源的一个策略，合理的地形利用可以为建筑提供天然的保温或散热效果。此外，内部空间的功能区划分应考虑到采光和通风需求，无窗户区域宜朝北设置，以减少热量的进入，而功能相似的区域聚集在一起，不仅便于管控，还能减少能源分配上的损耗，以确保整体建筑的能效最大化。通过这些综合考量的布局设计，能够实现节能减排的目标，为绿色建筑的可持续发展提供坚实的基础。

（四）建立水循环利用系统

在我国建筑设计中融入该系统，意味着不仅要注重雨水的收集与处理，还要通过建立蓄水池等设施，确保雨水的再利用能够满足建筑内部的用水需求及辅助景观水体的补给。此外，水循环系统不只限于新鲜水的利用，还包括对生活废水的再处理与回收，这要求我们在设计时就考虑到废水的净化和分级利用，以减少对外部水资源的依赖。在生态景观设计中，水景不仅要美观，更要注重生态平衡，以实现水资源的自然循环与再生，从而达到节约用水和减少环境污染的双重目的。这种全方位的水资源管理策略，不仅提升了建筑的绿色等级，而且还促进了周边生态环境的和谐共生，是绿色建筑设计中不可或缺的一环。通过这种循环系统，我们能够为建筑物提供一个自给自足的水资源供应体系，助力绿色建筑向着更加高效和环保的方向发展。

（五）加强采光的设计

采光是绿色建筑设计理念中最重要的组成部分。因此，在绿色建筑设计的过程中，工作人员应当对采光设计给予高度的重视，应当对光照入室进行合理的设计，避免阳光直射室内，以达到让居住者感到舒适的效果。另外，在绿色建筑设计的过程中，工作人员也要根据地域之间的差异，进行合理的设计。需要注意的是，室内的阳光不宜过多，但是也不能过少，设计人员应当对阳光照射的程度，进行全面的控制。同时，在绿色建筑设计的过程中，设计人员应当对建筑物之间的距离，进行合理的计算，这样可以在最大限度上保证每一幢建筑物的采光效果，为人们提供良好的居住环境。

第二节　绿色建筑的发展概况

人们对绿色建筑的理解经历了一个认识不断深化的过程，即从早期侧重建筑的环保性与节能性，到逐步重视舒适与健康的价值。进入 20 世纪 90 年代，人们逐渐意识到绿色建筑技术已经无法再以单项开发、简单叠加的手段继续发展下去，绿色建筑建设不仅关系到建筑技术的改良措施，同时也关系到社会、经济、文化等诸多方面的有机融合。发展绿色建筑也从偏重技术层面的讨论向从技术到体制和文化的全方位透视及多学科研究转变。只有将绿色建筑设计在社会、经济、技术等诸多层面上进行整合，将其纳入社会经济体制轨道中，成为社会发展中的一个有机组成部分，才能激励人们自觉运用绿色建筑技术积极改善环境问题，才能从根本上找到环境问题解决的路径。

绿色建筑在我国的大力发展时期已经到来，国家推动绿色建筑发展的力度逐步加大，绿色建筑遵循可持续发展的原则，迅速跨越起步阶段，正在向全面实施阶段发展。因此，必须针对绿色建筑发展中出现的各种矛盾问题，采取积极的应对策略，以达到绿色建筑建设与城市发展相协同的最终目标。

一、绿色建筑的起源

绿色建筑的概念起源于环境问题，环境问题包括环境恶化和能源危机。对于建筑行业而言，其关联行动是研究发展节能建筑，在这一发展方向上，加拿大、北欧地区国家走在了世界前列。

我国学者开始建筑节能的研究始于20世纪80年代初，并由此产生了建筑热工专业。直到20世纪80年代末，我国城镇住宅的建筑热工性能仍很差，导致能耗高，如北方地区。

20世纪90年代初中期，加拿大等国的建筑节能学者意识到，建筑物不仅消耗大量能源，而且消耗物质资源，排放大量气、液、固废弃物甚至污染物，特别是二氧化碳，同时改变了地表的形态，影响了不同区域的生态环境，甚至全球气候。于是人们期望，建筑物能否具备绿色植物的属性而成为“绿色建筑”。

1997—2000年，英国开始有了零能耗建筑实践。2002年起，绿色建筑概念开始在我国传播，但起初并不是从建筑界引入的，而是从建筑的关联行业如太阳能、风力发电行业引入的。因绿色建筑建设要研究可再生能源在建筑上的应用，于是引入了光伏建筑一体化、光热建筑一体化技术；与此同时，欧洲的零能耗建筑设计也通过大量的展览，在北京、上海设立设计机构等方式进入我国，而零能耗建筑概念与我国当时的大规模建设状态形成了鲜明对比，其内含的人与自然相和谐的理念引起了我国一部分建筑师的特别关注。

另外，建筑产业对资源的消耗也非常显著，我国每年钢材的25%、水泥的70%、木材的40%、玻璃的70%和塑料制品的25%都用于建筑产业。

因此，在2020年全社会总能耗48亿吨标准煤的目标控制下，如果没有实施有效的节能措施和抑制不合理建筑增长需求，建筑能耗将突破12亿吨标准煤，而我国在2030年前后的城镇化率将达到70%，因此，建筑领域的节能减排对全国节能绿色工作起到至关重要的作用。

我国绿色建筑发展工作从20世纪80年代开始延续至今，其发展历程可分为以下四个阶段。

第一阶段是1986年之前的理论探索阶段，其标志是颁布了我国第一部建筑节能标准：《民用建筑节能设计标准（采暖居住建筑部分）》（JGJ 26-1986）。

第二阶段是1987—2000年的试点示范与推广阶段。其间，建设部（现为住房和城乡建设部）颁布了第一部部门规章：《民用建筑节能管理规定》（第76号令），第一次把建筑节能工作纳入政府监管当中。

第三阶段是2001—2008年的承上启下转型阶段。2006年，建设部颁布了第143号令《民用建筑节能管理规定》，以这个部令为标准，我国所有地区的节能工作都纳入监管当中。同年还颁布了《绿色建筑评价标准》（GB/T 50378-2006），在学习国外建筑发展思路的基础上，我国建立了自身的绿色建筑发展政策思路。后来，以该部令为基础，2008年《中华人民共和国节约能源法》和《民用建筑节能条例》相继颁布，将绿色节能工作纳入了法制的轨道。

第四阶段是2008年至今的全面开展阶段。此阶段把建筑领域绿色节能纳入国家经济社会发展规划和能源资源、节能减排专项规划，成为国家生态文明建设和可持续发展战略的重要组成部分。

二、我国绿色建筑发展存在的问题

（一）缺乏环保意识

尽管我国资源丰富，但随着经济的快速增长，资源的过度消耗和浪费日趋严重。公众在日常生活和工作中为了追求个人便利，往往忽视了自己行为对环境造成的潜在负面影响。这种淡薄的环保意识不仅体现在个人习惯上，也反映在对绿色建筑价值认知的缺失上。此外，传统的发展观念和经济增长模式未能有效整合环保理念，导致绿色建筑的发展受阻。尽管政府大力推动绿色建筑和可持续发展策略，但在实际操作中，由于公众环保意识淡薄，环保概念的普及和执行仍然面临挑战。

（二）缺乏对绿色建筑的了解

在我国，绿色建筑作为一种新兴的建筑理念，其普及和理解程度尚显不足。公众对于绿色建筑的重要性和深远意义缺乏基本的认识，常常将其与高科技或豪华建筑混淆。这种误解源于对绿色建筑核心价值的不了解。有的建筑商过分强调技术与材料的高端性质，使得消费者认为高成本、高科技系统的应用即代表绿色建筑，这一观念偏差不仅增加了建筑成本，而且也使普通民众感到绿色建筑遥不可及。这样的情况不仅没有促进资源的合理利用，反而加剧了资源浪费，阻碍了绿色建筑行业的健康发展。

（三）绿色建筑建设中的技术不成熟

我国绿色建筑行业由于起步较晚，面临的一个主要挑战是技术上的不成熟。科技研究与发展在低碳节能技术方面的成果相对有限，导致市场上可用于绿色建筑的节能环保产品种类不多，成本相对较高。由于缺乏成熟的技术和全面的产品线，建筑专业人士在将绿色建筑理念应用到具体建筑实践中时面临诸多困难，这些困难不仅包括技术实施的难题，还有成本控制的压力。在这种情况下，开发商在建设过程中可能遇到多种工程问题，从设计到施工的每个环节都可能因为技术不完善或产品不齐全而增加额外成本。结果是，最终建筑成本的增加使得开发商对采用节能环保产品的积极性降低，甚至可能导致一些项目放弃使用绿色技术。这种状况对于推动绿色建筑技术的普及与应用造成了阻碍，影响了绿色建筑在我国的健康发展，并减缓了建筑行业向可持续、环保方向的转型步伐。

三、绿色建筑的发展前景

绿色建筑作为一种可持续发展的建筑实践，其发展前景备受全球关注。随着人们对生态环境保护意识的增强和对健康生活质量的追求，绿色建筑已经从一个新兴概念转化为建筑行业的重要趋势。在未来，绿色建筑不仅会继续推广现有的节能、环保、健康和利用可再生资源的设计理念，还将引入更多创新技术和材料，如智能化管理系统、高效能源转换技术和更加可持续的建筑材料。

目前，全球不断增长的能源需求和对减少温室气体排放的紧迫要求使得绿色建筑成为解决这些问题的有效途径。政府在政策制定上给予了绿色建筑以优先发展的地位，通过提供税收优惠、补贴和技术支持等措施鼓励绿色建筑项目的实施。同时，建筑业内部也在积极推动绿色建筑的标准化和认证体系的完善，以确保各方面的绿色建筑实践都能达到一定的环保和能效标准。

随着科技的进步，新型环保建材和可再生能源技术的成本正在逐渐降低，这使得绿色建筑的经济性逐渐增强。未来的绿色建筑不仅要满足能效高和环境影响低的要求，同时也要满足公众对舒适性和美学的需求。因此，设计师和建筑师将更多地运用生态设计原则，如采用模拟自然系统的设计方法，来创造更加绿色的居住和工作空间。

城市化进程中，绿色建筑的集成化和模块化也将成为重要发展方向。这将有助于建筑在设计和施工阶段实现更高效的资源利用，减少建筑废料，同时也便于未来的拆除和材料回收。此外，绿色建筑的普及还将激发跨学科合作，从而促进建筑学、环境科学、工程技术和社会经济学等领域之间的整合与创新。

随着技术创新和政策支持的不断深入，绿色建筑将在全球范围内得到更广泛的推广和应用，并最终带来更加节能高效、环境友好和人居舒适的生活方式。所有这些努力，都将为后代创造一个更加可持续和宜居的地球，这也是我们这个时代对未来的重要承诺。

第三节　绿色建筑与可持续发展

一、城市绿色建筑可持续发展的有效方案

（一）严格遵循绿色建筑的设计原则

在进行城市绿色建筑的设计过程中，相关工作人员必须充分考虑各方面因素，严格遵循以人为本的设计原则，最大限度地提高施工过程中各种资源的利用效率。同时，为了全面提高城市绿色建筑的设计效率和水平，相关的设计人员在进行设计时可以引进先进的仪器和设备协助设计，如通过使用全新的测量仪器对建筑场地进行高效、快捷的测量，然后利用先进的电子设备对相关的参数进行详细的演算，并通过电子计算机构建绿色建筑模型，全面地对城市绿色建筑的可行性和科学性进行检验。在进行设计材料的选择时，应尽可能地选择建筑周围的材料，这样不仅可以最大限度地带动本地区的资源开发，还能够降低资源在运送过程中产生的成本。设计人员还需要考虑回收一部分损坏较小、对环境的污染较小且具有较高回收率的建筑材料。

（二）不断提升住宅建筑节能环保性

在进行住宅建筑的设计过程中，相关的工作人员可以充分考虑利用雨水、阳光等资源。通过合理的设计和安排最大限度地降低人们生活中的水资源和电能资源的消耗。设计人员在进行绿色建筑设计时，需要选择具有较高利用率的资源，这样能够有效地降低资源的使用量，从而大幅度节省施工的成本。同时，应采用先进的建筑技术，最大限度地提高各种资源材料的使用效率。在进行设计时，应充分地选择各种可再生的资源材料，减少或限制选择不可再生资源。在设计的过程中还需要将环境保护纳入当中，选择有益于人体健康的建材，降低建筑建材对环境造成的污染和破坏。设计人员还要在住宅周围建立大规模的绿化带，以加强对园林和河道的建设质量，从而构建能够有效提升人们生活环境质量的绿色生存空间。

（三）引进先进绿色建筑技术完成设计

设计人员还需要加强建筑技术的设计，在设计中尽可能地利用各种先进的新能源技术、自动化技术、新材料技术、信息化技术等。与此同时，还要加强各种绿色施工和设计技术的科研，建立绿色技术示范和集成的规模化应用基地。除此之外，相关的设计人员还需要采用全新的控制技术和节水技术，利用一系列绿色技术来完成具备较高节能性能的建筑改造。相关的设计人员需要合理地设计整个施工过程，不断加强预制装备技术和绿色施工技术的使用。

二、应用绿色建筑实现可持续发展的策略

（一）加强政府支持

我国的生态建筑起步相对于先进国家展开较晚，这一领域的扩展受到了政策监管不足和技术支持不充分的双重限制。为此，政府部门必须强化对生态建筑的扶持政策。这意味着地方政府要依据本区域的具体情况，拟定适宜的生态建筑标准，并在制定过程中，与行业组织、有关机构通力合作，注入可持续发展的核心价值。构建这样一个科学严谨的监管框架是确保生态建筑在我国健康成长的关键。政府的精准政策导向将确保生态建筑事业在国内的可持续增长，并在推动国家持续发展战略中扮演越来越重要的角色。

（二）提升绿色建筑设计水平

绿色建筑设计水平直接影响绿色建筑的可持续发展效能，因此建议业界结合国内外经验不断提升绿色建筑设计水平。设计水平提升策略建议如下。

1．“切薄”建筑

“切薄”建筑策略通过优化建筑的形态与布局实现高效的能源管理，核心在于增加建筑表面积以促进更好的空气对流和自然光的渗透，这样可以大幅度降低对人工照明和空调系统的依赖。通过精心设计建筑的剖面，使其变得更加细长或者扁平，可以有效地减少内部空间对外部能源的需求。新加坡国立图书馆的案例便是对这一策略的成功应用，其通过延伸建筑的表面边缘，创造出更多的自然通风通道和光线穿透的机会，使得图书馆内部的气候得到自然调节，并极大地减少了对传统能源的依赖。与同类传统建筑相比，图书馆的年能耗降低了30%，这不仅体现了节能效益，而且也展示了“切薄”建筑在绿色建筑设计上的巨大潜力和实际成效，为业界提供了一个减少能耗、提高建筑环境品质的可行方案。

2．公共空间室外化

这种设计概念鼓励将建筑的大堂、中庭走廊和电梯厅等传统室内公共空间转移到室外，利用自然环境来调节空间气候。深圳信息职业技术学院科技楼的实践证明了这一策略的有效性，通过引入空中花园和创新的多风道空心结构设计，不仅营造了具有吸引力的户外公共区域，还实现了室内外气候的自然适应和能量交换，进而降低了建筑的能源需求。这种设计同时也增加了建筑的开放性和互动性，促进了公众对自然环境的亲近感，有助于提高居住和工作的舒适度。该科技楼借助此策略减少了约10%的能源消耗，这一创新设计证明了公共空间室外化设计不仅在理论上具有可行性，而且在实际应用中也能达到节能减排的目标，对推动建筑业的绿色转型和可持续发展具有重要意义。

（三）结合传统民居思想

传统民居思想中的天人合一理念强调了人类活动与自然环境之间的和谐共生，这可以引导我们在选址与规划时尊重自然地形与气候特性，实现建筑与环境的完美融合。因地制宜的准则鼓励我们充分利用周围的自然资源，比如利用地形为建筑提供自然防护，或者通过合理方位布局最大化日照与通风效果。就地取材的原则倡导在建筑材料选择上优先考虑本土材料，这不仅减少了运输成本和碳排放，而且还能保证建筑与其所在环境的文化和视觉一致性。这些理念的综合运用能够显著提高绿色建筑的环境绩效，如通过墙面绿化设计既美化了建筑外观，又在提升生物多样性、净化空气质量的同时，有效地缓解城市热岛效应。实践案例表明，这种结合传统民居思想的墙面绿化设计不仅提升了建筑的生态价值，同时也显著降低了夏季冷气负荷，节能效果显而易见。这种将古老智慧应用于现代绿色建筑的做法，证实了传统民居思想在推动建筑业可持续发展中的重要作用和深远影响。

第二章

绿色建筑技术

第一节　建筑环保节能设计

一、建筑环保节能的设计原则

随着我国经济的现代化和城市化进程的加速，建筑行业的设计和建设速度也随之提升。在此背景下，我国强调了可持续发展的重要性，并在社会经济发展中注重能源的节约和排放的减少，其中建筑节能成了核心议题之一。鉴于建筑领域在施工和使用阶段均为能源消耗大户，其节能改造的空间同样巨大。

在审视建筑全周期时，我们所从事的建筑设计工作虽然只是其中的一环，但实际上它与整体的节能工程有着不解之缘。建筑的节能设计不仅与绿化照明、能耗监控、系统能效提升等多个节能领域息息相关，而且与政府部门的节能政策以及工业领域的电机节能措施等都有交集。

因此，规划设计时要充分考虑当地气候特征和建筑自身的功能需求。在整个规划及各个设计细节中，应综合考虑，多角度、多层次地进行优化，以科学的方法调整建筑布局和对环境的适应。实施全面的节能技术措施，旨在最大化地降低建筑能源消耗，实现高效的节能效益。

二、建筑环保节能的重要性

建筑环保节能的重要性主要体现在以下三个方面。

第一，有利于增强人们的节能意识。在我国快速的社会经济发展过程中，能源的有效利用与节约已成为国家可持续发展战略的核心内容之一。节能建筑的实践不仅展现了对能源短缺问题的直面回应，而且通过实际行动提升了公众对于节能重要性的理解与认知。这种转变不仅局限于理论上的认识，而且更体现在行动上的改变，如选择绿色建材、优化建筑设计、采用高效能源系统等。公众开始意识到，每一次选择和决策都直接关联到能源消耗与环境影响。通过这样的实践和自我教育，公众的节能观念逐渐深化，旧有的浪费型消费模式正在被新型的节约型生活方式所取代。这不仅有助于缓解当前的能源压力，而且为子孙后代留下了一个更加宜居的环境。因此，建筑节能不仅是技术和管理上的需求，更是一种社会责任和文化转型的体现，它推动了人们思想观念的深刻变革，为能源的可持续利用奠定了坚实的社会基础。

第二，有利于环境保护工作的顺利进行。社会经济的快速发展带来了能源消耗的剧增，这种增长直接影响到了自然环境的稳定性，表现为水体污染、空气质量下降和固体废物处理问题的加剧。特别是建筑行业，在追求经济利益的同时，也成了能耗和污染的主要来源。正因如此，建筑节能不仅成为一个技术问题，更是环境保护的重要组成部分。通过采用绿色建筑材料、提高能效标准和优化建筑设计，可以在源头上减少能源的消耗和污染物的排放。此外，绿色建筑技术通过提高能源使用效率和利用可再生能源，为建筑物的长期运营提供了可持续的能源解决方案。随着公众环保意识的增强和政策的引导，建筑节能已经成为推动环境保护工作顺利进行的重要力量。绿色建筑措施的实施不仅有助于降低因建筑工程而引起的环境负荷，而且还为自然资源的保护和生态平衡的维护作出了积极的贡献。因此，推动建筑节能与环境保护的相互促进，不仅是实现绿色发展的必由之路，还是构筑人与自然和谐共生的基石。

第三，在一定程度上促进我国经济的发展。在构筑未来经济发展的宏伟蓝图中，建筑节能被赋予了推动国民经济可持续发展的重要使命。我国作为一个能源消耗大国，面临着人均资源有限的局限，这不仅对环境构成压力，而且也是经济发展的一大瓶颈。事实上，建筑行业的能耗约占国家总能耗的三成，节能潜力巨大。通过实施建筑节能措施，我们不仅可以减少能源需求、降低碳排放，而且还能创造出新的经济增长点。例如，发展绿色建材、节能技术和可再生能源利用，这些都能带动相关产业的创新与发展，同时创造出新的就业机会。节能建筑的推广与实践，激发了科研和技术创新，推动了产业升级转型，为经济发展注入了新动力。此外，随着全球对气候变化的关注，具备节能特性的建筑将更具市场竞争力，能够为我国经济提供新的增长点和优化国际贸易结构的机会。因此，建筑节能不仅是应对资源紧缺的有效途径，而且也是推动经济结构优化、实现绿色发展的关键步骤。通过这样的转型，我国的经济发展将能更加坚实地立足于资源节约型和环境友好型的基础之上，为实现长期、健康、绿色发展提供强有力的支撑。

三、建筑环保节能设计措施

（一）需对建筑的朝向进行分析

在分析建筑的环保节能设计措施时，建筑物的朝向是一个决定性的因素。建筑物的朝向会直接影响到室内的自然光照和热量的分布，对整体能耗产生显著影响。为了降低太阳直射带来的热负荷，在多数气候区域，建筑师常采用坐北朝南的方案以优化冬季采暖和夏季降温需求。在设计时，需综合考虑地理位置、当地太阳路径、高度角和日照时长等多项因素，来确定建筑的最佳朝向。除了光照，建筑物的朝向还深刻影响着通风效果，特别是在炎热的夏季，通过合理的朝向设计可以利用自然风实现有效的通风降温，减少对机械通风系统的依赖。因此，在确立建筑物的朝向时，不仅要考虑夏季主导风向，还要全面评估各种环境因素，以达到最优的节能效果。通过对建筑物朝向的精心规划与设计，可以最大程度地提高建筑的能源利用效率，实现环保节能的设计目标。

（二）需对建筑的体形进行分析

建筑体形的设计是实现绿色建筑节能目标的关键环节，它直接关联到建筑物的能耗和节能效果。在考虑建筑体形时，必须结合建筑所在地的具体环境和气候条件，合理规划建筑的体积、形状和内部空间布局。简洁而高效的建筑形态往往能够提供更好的热能保持能力和自然光利用效率，从而降低人工照明和空调系统的使用需求。建筑设计者应追求形式与功能的和谐统一，避免过度复杂的设计仅仅为了追求视觉冲击，因为过于复杂的形态可能会导致不必要的材料浪费和能耗增加。在确定建筑体形时，通过对建筑群体的合理组合和布局，可以有效地利用和控制自然光照和通风，以实现室内外环境的舒适性和节能效果的最大化。如体形或布局与节能目标不符，优化围护结构如墙体、屋顶和窗户的保温隔热性能成为提升建筑整体节能性能的重要手段。通过在设计初期就将节能概念融入建筑体形和结构，可以在建筑的整个生命周期内实现能源和资源的高效利用。

（三）需对建筑的墙体进行分析

在绿色建筑领域，墙体作为建筑外围结构的核心部分，对整体能效起着决定性作用。墙体的节能设计要着重考虑材料选用与结构创新相结合的策略。传统的增加墙体厚度方法虽有一定的保温效果，但并不经济或环保，因为它不仅增加了材料使用和结构负担，也并未充分考虑材料本身的隔热性能。现代建筑墙体设计趋向于使用复合墙体系统，这种系统通常由具有良好隔热性能的轻质材料和结构稳定的承载层组成，不但能有效减少热桥效应，还能提高墙体的整体保温性能。例如，选用具有高热阻值的保温材料，如聚苯乙烯泡沫板、挤塑聚苯板或岩棉板，可以显著提高墙体的绝热能力，从而减少能源的传递。此外，墙体设计也应考虑到其对室内气候的影响，采用透气性良好的材料可以有效地调节室内湿度，提升居住舒适度。再结合外墙面的太阳辐射吸收和反射特性，通过科学的色彩和材料选择，能进一步优化墙体的节能性能。通过这些综合措施的运用，可以极大地提升建筑的能效水平，实现绿色建筑的节能目标。

（四）需对建筑的门窗进行分析

有效的节能门窗设计需要综合考虑玻璃单元、框架材料以及整体门窗的安装质量。现代门窗技术通过采用双层或三层的低辐射镀膜玻璃、充入惰性气体，以及使用热断桥技术的框架系统，显著提升了门窗的隔热和密封性能。这些高效能的门窗能大幅降低热传导、对流和辐射造成的热损失，同时还能防止冷热空气的交换，从而确保室内温度的稳定，并减少对暖气或空调的依赖。除此之外，门窗设计还需考虑到遮阳和自然通风的策略，以最大限度地利用自然资源，减少能源消耗。例如，在适当的位置采用可调节的外遮阳设施可以有效控制夏季高强度的日照，而合理布局和设计的开窗方式则能促进空气对流，达到自然通风的效果。这样的综合设计方法不仅提高了门窗系统的节能效果，而且也为居住者提供了更为舒适健康的居住环境。

（五）实施绿化工程

通过精心设计的园林绿化不仅美化了建筑环境，还通过其天然的调温功能，为建筑物提供了一道生态屏障。植被的存在能够调节周围空气的湿度和温度，夏季通过叶片的蒸腾作用带走热量，冬季则可作为风障减少冷风对建筑物的冲击，从而在不同季节中实现节能目的。此外，植物对二氧化碳的吸收和氧气的释放，对于缓解城市热岛效应、改善空气质量具有重要意义。在减少城市环境噪声方面，绿化植物能够通过叶面和枝干的反射、吸收与折射作用，降低噪声水平，为居住和工作空间创造更加宁静的环境。因此，在绿色建筑的设计与施工中，合理规划绿化空间，选择适宜的植物种类和布局，不仅能够提升建筑物的生态价值和美学价值，而且还能加强其环保节能的综合性能，对于促进可持续发展具有深远的影响。

第二节　可再生能源利用技术

随着社会的不断发展，低碳环保已成为发展的核心，它是推动人类进步的基本要素。建筑行业作为可再生能源应用的关键战场，在国内尤以太阳能、地热能和生物质能等为代表的清洁能源拥有巨大潜力，具备了广泛的应用前景。我国在太阳能热利用、地热热泵等领域虽有快速进展，但这些技术与建筑的融合程度尚浅，应用范围有限，系统设计优化程度待提升，面临推广应用的挑战，部分地区还存在特定的利用难题，急需政策支持和市场引导以促进其规模化应用的快速达成。

我国政府高度重视可再生能源，正努力加快其应用进程。随着传统化石能源的逐渐枯竭以及其环境影响的日益显现，不断增长的能源需求和资源环保的双重压力促使更多目光转向可再生能源。可再生能源有可能改变能源使用的格局，帮助实现可持续发展。在此过程中，太阳能、地热能和能量存储技术因其独特的优势而受到广泛关注。

一、地下浅层能量利用技术

地下浅层能量利用技术以地球自身作为一个巨大的能量库，利用其年度能量循环平衡与季节性温度变化的特性，以实现高效的能源管理。冬季地温相对较高，而夏季则较低，这一现象为地下蓄热和蓄冷提供了天然条件。热泵系统在此过程中扮演关键角色，它不仅提供所需的供暖或制冷，而且能够在适当的季节将能量存储在地下。通过夏季将热量储存在地下，冬季时再将其取出用于供暖；相反地，在冬季将冷量储存起来，以便夏季用于制冷。这样的循环利用不仅提高了能源效率，还有助于减少对传统能源的依赖。此外，地下能量存储还可以与其他类型的可再生能源，如太阳能相结合，以进一步增强系统的能量供应能力。技术如地下换热器、传热强化以及换热系统布控都是实现这一目标的有效手段，它们共同构成了一套完整的地下浅层能量利用解决方案。

二、太阳能利用技术

在我国东北等寒冷地区，地下浅层能量作为独立热源时面临着冷热负荷不平衡的问题，这种失衡会逐渐降低地温，影响系统的持续运行效率。为了解决这一问题，太阳能作为一种补充能源的重要性越发凸显。太阳能不仅可以在夏季期间储存能量以供冬季使用，还能在日间储存，以便在晚间提供能量。针对太阳能集热热水技术在工程应用上的局限性，研究人员正在开发与建筑集成的新型太阳能固面集热技术，这些技术旨在实现成本效益高的太阳能利用。例如，热流体循环固面集热技术，这种技术通过优化热流体在集热器中的循环，提高热捕获率；固面内置式太阳能集热系统，该系统直接集成于建筑结构中，减少了额外的安装成本；建筑构件型太阳能集热系统，它将太阳能集热功能与建筑材料相结合，提升了建筑的美观性和能源自给率；利用太阳能辐射的低温利用技术，这使得在温度较低的环境下也能有效地利用太阳能。这些技术的发展和应用，将有助于提高太阳能在绿色建筑中的整体利用效率，从而推动绿色建筑技术的进步。

三、废水余热回收利用技术

废水余热回收利用技术是绿色建筑领域的创新应用，它通过高效热交换设备回收建筑低浊性废水中的热能，使之转换为有用的热资源。这种技术特别适合于酒店、公寓、泳池等产生大量热水的场所。通过低温回收技术，即使在废水温度较低的情况下也能回收热能，而流体负荷分配优化技术则确保热能在不同消费点之间高效分配。这不仅显著提高了能源的总体利用效率，降低了运行成本，而且也减少了对外部能源的依赖，有助于建筑业实现低碳发展。实践表明，将这些技术集成到现有的供热系统中，能有效地提高系统的能源回收率和环境绩效。

四、再生能源与建筑集成热泵供热系统构建技术

再生能源与建筑集成热泵供热系统构建技术侧重于通过地能、太阳能、余

热能与季节性蓄能技术的融合，创建一个复合能源系统。这一系统通过综合设计与运行控制策略的创新，实现了能源的高效整合和利用。关键技术的发展涉及对地下热响应能力的精确评估，以及对地下传热和蓄能机制的深入分析，以确保热能的循环流动、传递和存储，进而达到最佳效率。此外，构建自然环境信息数据库对于优化系统性能至关重要，而热泵的匹配设计则进一步确保系统的高效运作。通过系统分析软件平台的设计，能够对这些复杂交互进行模拟和优化，以支持实验室和现场的示范工程，推动可再生能源与建筑节能目标的实现。

五、实验开发及应用示范工程实施

实验开发及应用示范工程的实施是绿色建筑技术研究的关键环节，它包括单项技术的性能验证和综合系统的应用演示。在地能利用技术实验中，通过模拟地下热泵系统的运行，分析地温动态变化，评估系统的稳定性和效率。太阳能利用技术研究着重于集热效率和储能性能的优化，考量不同气候条件下的适应性和集成建筑的可能性。废水余热回收技术实验与装备研究则着眼于低能耗的热交换系统设计和回收效率的提高。示范应用实验在选定的独立建筑中全面部署可再生能源热泵供热系统，不仅验证了各项技术的实用性，而且也为未来的规模化应用和进一步的技术革新提供了实验基地，促进了从实验室到实际应用的关键跨越。这些实验不仅推动了绿色建筑施工技术的实践和创新，也为建筑能效和可持续发展目标的实现奠定了坚实的基础。

第三节　雨水利用技术

一、雨水利用的意义

雨水属轻污染水，简单处理后可用于市政杂用水、工业用水等。对雨水进行处理比回收生活污水更廉价，且公众可接受性强，是重要的开源措施，雨水利用具有较强的经济和生态意义。

第一，城市化进程中水资源的需求不断增长，而传统的水源供应已经难以跟上这种增长的速度，从而导致水资源短缺成为限制城市经济发展的瓶颈。通过收集和利用雨水，可以有效补充城市水资源，降低对自然水源的依赖，进一步减少因过度开采地下水引起的环境问题。这种做法不仅提高了水资源的利用效率，还有助于形成循环经济，推动城市经济的可持续发展。因此，将雨水作为一种备选水源的开发，对于缓解水资源匮乏、支持城市的长期发展至关重要。

第二，随着城市建设的发展，建筑和道路的密集布局加速了不透水面的扩张，导致雨水径流迅速增加，这不仅对雨水排放系统造成极大压力，而且还对城市防洪能力提出了更高的要求。过量的径流还可能导致地下水的补给不足，从而加剧了水资源短缺的问题。通过实施雨水收集和再利用系统，可以减少洪峰流量，缓解雨水管网和泵站的负担，同时通过将处理后的雨水回灌至地下，不仅补充了地下水资源，而且还有助于维持地下水位平衡，对缓解城市水危机具有显著效果。

第三，在合流制城市排水系统中，雨水和生活污水共同经过同一管网流向污水处理厂，雨季时频繁发生的强降雨事件会导致系统超负荷运作，进而引发溢流，这不仅会对污水处理厂造成巨大压力，还可能导致未经处理的污水直接排入周边水体，污染环境。实施雨水利用技术，通过设置雨水收集系统来截留和利用雨水，可以显著减少进入污水系统的雨水量。这样一来，即便在雨季，也能有效减少溢流事件的发生，降低污水处理厂的工作强度，避免因处理能力不足而造成的污染事件。

第四，雨水的有效利用对于自然水循环具有重要作用，它不仅有助于维持和平衡地表与地下水的动态关系，而且对保护地下水资源具有积极意义。通过雨水的收集和渗透，可以重新向地下水层补充水源，这样的补给措施对于地下水位的稳定至关重要，尤其是在人类活动频繁严重消耗地下水资源的地区。此外，这种补充机制还能预防由于地下水过度抽取而导致的地面沉降问题，这对于维护城市基础设施的稳定性和防止建筑物损害具有显著效果。因此，在城市规划和建设中，采纳雨水利用技术是一项对生态环境负责任的举措，对于促进城市的可持续发展和保护自然资源有着不可忽视的价值。

第五，通过储存雨水，可以显著增加城市表面水体的蒸发，这种增加的蒸发作用有助于形成更为湿润的局部气候，对于城市热岛效应具有一定的缓解作用。湿润的气候有利于城市绿化，提高空气质量，为市民创造更加宜人的生活环境。此外，雨水的储留和合理利用还可以改善城市水环境，通过减少地表径流对河流、湖泊的冲击，减轻水体污染和生态破坏。因此，将雨水视为一种宝贵资源，并通过科学方法进行收集和利用，不仅能够提升城市的生态质量，而且也是实现水资源可持续利用、构建绿色城市的关键策略。

二、雨水收集利用及处理

（一）雨水的收集利用

利用雨水资源，涵盖了从构建庞大蓄水设施如水坝，到河流流量的利用等各个层面。雨水的回收方法包括但不限于屋顶集雨、地表径流回收以及利用拦截网等方式。这些收集方法的效率会因收集表面的材料、天气状况（如日照强度、气温和湿度）以及雨水的持续时间等因素而异。在建筑领域，雨水回收可分为三类情形：对于有硬化屋顶的建筑，应将雨水导入绿地、渗水地面或储水系统中积存；对于硬化地面如庭院、广场和人行道，建议使用渗水性材料或建造集水系统，以便雨水能够流入渗水区或蓄水设施；至于城市的主要道路等基础设施，建议规划时考虑整合雨水回收和绿化灌溉设施。在居民区，也普遍安装了简易的雨水回收及利用系统。通过这些装置，雨水得以汇集并经过粗略过滤，便可用于创建景观水体、灌溉公共绿地、清洁道路，甚至为社区居民提供洗车和冲厕的水源。这种做法不仅减少了自来水的使用，还为社区居民节约了水费。

1. 小区雨水收集利用

屋面雨水约占城市雨水资源的65%，并且具有较易收集和较佳水质的特点，成了城市雨水利用的重要组成。对于屋面雨水的处理，通常采用雨落管将其引导至初期弃流装置，该装置设计用以拦截前2毫米降水量，这部分通常含有较多污染物，通过弃流可以有效减少对环境的污染。处理后的雨水将被引入到最近的城市污水系统中，并输送至污水处理厂进行进一步处理，以实现资源的回收和再利用，这不仅节约了水资源，还促进了城市的可持续发展。

2. 城市硬化地面雨水收集

城市硬化地面如道路、广场和停车场，由于其无法渗透的特性，成为雨水收集的理想场所。这些区域通常具备广阔的汇水面积，能够有效地收集大量雨水。为了最大化收集效率，设计时应考虑地面的坡度，确保雨水能顺畅流向指定的收集系统。通过合理的规划，这些硬化表面不仅提供了日常使用的便利，同时也转化为雨水管理的有力工具，既减缓了城市排水系统的负担，也为雨水的后续利用提供了可能，极大地促进了城市水资源的循环利用和可持续发展。

3. 城市绿地、花坛、园林雨水积蓄

在城市绿地、花坛和园林设计中，雨水管理是一个关键的环保考量。通过精心设计的地形和植被配置，如低洼地带和适当的坡度，可以最大化地收集自然降水。这些区域不仅美化了城市环境，还通过存储和渗透雨水，增加了地下水位，减少了城市排水系统的压力。雨水被有效地引导至储水设施，如雨水池，这些设施不仅有助于调节雨水流失，同时也为干旱时期提供了宝贵的水资源，实现了城市绿地在美化、减缓洪水冲击以及资源再利用方面的多重功能。

4. 雨水渗透收集

通过利用渗透管和井等设施促使雨水直接下渗到地表以下。这种方法分为散水法和深井法两种类型。散水法包括创建渗水浅井、渗水管网、渗水沟渠、透水性地面覆盖物以及渗水池等结构，这些都能促进雨水在浅层土壤中扩散并渗入地下。深井法则涉及建造干式或湿式渗井，这些渗井更深入地下，直接将水输送到更深的含水层中。两者均旨在提高城市地区的雨水利用率，缓解洪水风险，并对地下水资源进行再充电。

5. 雨水含水层储存及回收

通过收集城市的暴雨径流和处理后的废水，并将这些水资源回注入地下的适宜含水层。在回注过程中，人工湿地系统作为一项生态工程措施被用于拦截和净化雨水径流，其自然植被和微生物群落有效去除污染物，同时增强水的渗透和储存能力。这种方法不仅提升了水质，还通过地下水的再生补给，增强了城市水循环系统的可持续性，为应对水资源短缺和城市洪涝问题提供了一种有力的解决方案。

（二）雨水的输送

雨水输送系统包括专为收集雨水而设计的输水管道以及城市现有的排水设施。对于绿地区域，通常采用埋设带有孔隙的管道或者开挖雨水沟来引导雨水流向指定地点。而对于城市街道和广场，雨水通过地表的排水口汇入雨水管渠系统，并通过这一系统流向指定的收集或处理站点。为确保系统的可靠运行和维护，沿途还需要设置检查井和其他必要的辅助构筑物，以便于对系统进行定期检查和清理，确保雨水顺畅无阻地输送到目的地。

（三）雨水的处理

雨水在收集之后进行处理，通常涉及筛网去除大型污染物如树叶，以及通过沉淀和过滤过程移除泥沙，从而解决初期降雨带来的主要污染问题。虽然雨水的 pH 值偏低，但整体水质较回收水好，经过这些基础处理后，通常能满足杂用水水质标准。如果过滤后水质仍未达标，可添加混凝剂或使用活性炭吸附来进一步净化。在某些情况下，还可以采用生物处理方法，例如将雨水先引导至人工湿地进行初级净化，然后流入富含水生植物的第二级湿地，这样不仅提高了水中的含氧量，而且还使得雨水适合循环使用。

（四）雨水的存储

在我国，尤其是北方地区，大部分降水集中在 6—9 月的汛期，且往往以暴雨形式降临。为了充分利用这些降水资源，设置调节池来存储雨水成为一个重要的环节。调节池的设计需考虑到收集的雨水量以及未来的用水需求，合理确定其容量大小。这样既能确保雨水的充分利用，又能防止极端天气期间可能出现的水资源短缺情况。通过精确计算和科学设计，调节池能够发挥最大的效益，为绿色建筑的可持续发展提供重要保障。

（五）设置加压系统

为了有效减小雨水储存池对地表空间的占用和水分蒸发，常将其设置于地下。地下储水池的存在意味着水需要被抽送到地面以上使用，这就必须要求一个加压系统的配置。在处理单个建筑的雨水利用问题时，由于用水需求可能会有显著波动，变频调速泵被推荐使用，以实现能量的高效利用。而对于城市或者住宅小区的雨水回收系统，由于用水需求相对平稳，选用常规的加压泵就足够应对需求，可以在保证供水压力的同时，简化系统设计与维护过程。这种做法不仅提高了水资源的利用率，而且也有助于降低整个系统的运行成本。

三、雨水资源化方向分析

所谓雨水资源化就是通过规划和设计，采取相应的技术及工程措施，将雨水蓄积起来并作为一种可用水源的过程。

（一）加大城区雨水就地渗入量

通过改造现有绿地，如公园、苗圃和草坪，创建具有较好渗水性的渗水场地，这些区域能够有效接收并渗透居民区与道路产生的雨水径流。此外，替换城市硬质不透水表面为透水性材料，如人行道上的透水方砖，以及在步行道下铺设回填砂石，都能显著提高地面的渗水能力。对于地势低洼易积水的区域，设置砾料渗沟或渗井，不仅可以防止积水，还可增进雨水的地下渗透，这些措施共同作用，提高了城市的雨水资源化程度。

（二）加大城市雨水的储存

这些设施专门设计用于捕捉和收集城市降雨量，通过合理的设计与布局，可大量容纳雨水并保持其在本地区的可用性。经过适当的处理后，这些收集到的雨水可以转化为城市的饮用水资源或用于其他非饮用目的，例如灌溉和卫生用水。这不仅降低了对传统水源的依赖，也为城市提供了一个可持续利用天然降雨的方法，增强了城市对干旱或水资源紧张情况的应对能力，显著减轻了传统水供应系统的负担。

（三）利用雨水回灌补充地下水

地下水资源的补充通常依赖于雨水的回灌，这种方法成本较低且具有多重益处。通过收集雨水，并将其导入地下，可以有效地提升地下水位，这对于水资源的长期可持续性至关重要。此外，雨水回灌有助于减缓或阻止由于地下水位下降引起的地面沉降问题，减少地质灾害的风险。同时，这种做法对生态环境产生积极影响，因为它支持地下生态系统的水分平衡，有助于维系生物多样性。此举不仅对维护城市基础设施的稳定和延长其使用寿命有益，同时也为城市绿化和自然生态系统的完善提供了基础。

（四）利用雨水强化建筑屋顶绿化

在城市建筑密集的地区，屋顶绿化通过收集和利用雨水，不仅为城市增添了生态美，还扮演了提升环境质量的角色。屋顶上的植被可以有效地吸收雨水，减少径流，同时，这些绿色空间有助于降低建筑物内部的温度，缓解城市热岛效应。此外，它们能够吸收并过滤空气中的污染物和噪声，为城市居民提供更加清新的空气和宁静的环境。通过这种方式，屋顶花园不仅美化了城市景观，而且还增强了建筑物的生态功能，有助于构建更加可持续和宜居的城市环境。

（五）截留雨水改善城市区域内水环境质量

通过建设适当容积的城市湖泊或对现有河流进行加深和加宽，可以有效收集雨水，增加城市地表水资源并充分利用其在防洪、稀释污染的功能。这种做法不仅减轻了河流污染负担，而且通过增强水体的自净作用，进一步提高了水质，有助于恢复和维持地表水环境的健康状态，为城市居民提供更清洁的水源，同时也为生物多样性的保护和生态系统的稳定性贡献力量。

第四节　污水再生利用技术

一、再生利用分析

（一）污水处理后用作工业用水

污水处理厂处理后的水分为不同级别，其中二级处理出水已广泛应用于工业领域，特别是作为工业冷却水，这一做法不仅得益于深入的研究和积极的实验，而且也有成功案例的支撑。此外，经过适当的再处理，这些水甚至能满足更高标准的工业用途。再生水的使用不限于工业制造，还包括城市绿化等领域，它的利用大大推进了水资源的循环利用和可持续发展，对环境保护和资源节约产生了积极影响。

（二）污水处理后用作生活杂用水

污水处理技术的进步使得生活污水得以再利用，经过精细处理达到中水标准的水源，可以有效地服务于城市的日常需求。这些再生水不仅用于冲厕、洗车，还能满足城市绿化的水量需求，从而减少对清洁水资源的依赖。推广这项技术不仅响应了环保节水的号召，而且还有助于提高城市水循环系统的效率，实现资源的最大化利用，同时也减缓了自然水体的污染压力。

（三）污水处理后用作农业灌溉

在我国北方，符合标准的经处理城市污水和工业废水的再利用，已逐步成为农田灌溉的重要补充水源。这种做法不仅增加了水资源的有效供给，促进了农业的可持续发展，而且还通过增加土壤的水分和养分含量带动了作物产量的提升，同时也为当地带来了经济效益。然而，需要强调的是，只有经过充分处理的水才能用于灌溉，否则，未经彻底处理的废水会带来土壤退化、农业产量下降以及对地下水、土壤和农产品质量的潜在威胁。因此，确保污水处理达标是推广污水灌溉的关键。

二、再生利用技术选择的原则

（一）应对再生水水源严格控制

再生水水源应以城镇生活污水和二级处理出水为主，类似性质的工业废水也可以考虑，但前提是经过充分的预处理，并符合排放标准后方可进入城镇污水系统。绝对禁止将含有超标的重金属和有毒有害物质的污水以及任何放射性废水纳入再生水源的范畴，以此确保再生水的质量安全，并符合后续应用的严格要求。

（二）应满足再生水利用的变化要求

这涉及对不同用户的用水特性进行细致的调查和分析，包括用水需求在年度、季度、月度甚至日常的波动情况。通过这种动态分析，可以选择出能够灵活适应用水需求变化的再生水利用技术，从而确保技术方案能够有效地应对用水量的波动，满足不同时间尺度上的水质和水量要求，保障再生水利用的持续性和效率。

（三）应充分考虑再生水使用的安全性

在处理过程中，技术的选择和应用必须严格控制病原体的水平，这要求对病原菌的监测和管理措施进行细致规划，确保处理后的再生水在满足供水标准的同时，不会导致公众健康和环境安全的威胁。此外，操作人员的健康安全同样重要，必须通过适当的工作流程和防护措施来确保。通过这样的措施，再生水的再利用不仅是资源高效利用的体现，也是对环境和社会责任的尊重。

（四）应满足再生水利用的标准要求

这是确保再生水供应可靠性和安全性的关键。处理技术需经过精心选择，以便对污染物如悬浮固体、有机物、营养物质和潜在的有害微生物等进行有效去除或降解。这样，再生水不仅可以安全地用于农田灌溉、城市景观、工业冷却和其他非饮用目的，还可以促进可持续的水资源管理，最终实现环境保护与经济发展的双赢局面。

（五）应充分考虑技术的合理性和经济性

这意味着要根据国家的具体情况、现场的实际条件和用户的特定需求来制订计划。在考虑污水再生的规模和所需的处理水平时，必须评估整个处理流程的有效性，包括污水的收集、处理和输送方法，以及最终的使用目的。这样的策略要求不仅技术上可行，满足质量和安全标准，而且经济上也要可持续，避免造成不必要的财政负担，以确保长期的经济效益与环境保护相得益彰。

（六）应尽可能在二级处理阶段将氮的去除达到再生水使用的要求

生物脱氮是目前去除氮的主要技术手段，其中，通过优化操作条件和工艺流程进行的生物强化脱氮技术能有效提高氮的去除效率。尽管诸如生物滤池、活性污泥法等深度处理技术在去除有机物、悬浮固体和磷方面表现出色，但在氮的去除上则较为有限，除非采用反硝化滤池。因此，在实际应用中，应根据具体条件对二级生物处理环节进行技术改造或升级，如引入强化脱氮过程，确保再生水质符合使用标准，这既能保障环境安全又能提高资源的有效利用。

第五节　建筑节材技术

一、建筑工程材料应用技术

在建筑工程材料应用技术方面，建筑节材的技术途径是多方面的，如尽量配制轻质高强的结构材料，尽量提高建筑工程材料的耐久性和使用寿命，尽可能采用包括建筑垃圾在内的各种废弃物，尽可能采用可循环利用的建筑材料等。近期内较为可行的技术如下。

新型保温节能墙体材料技术，如外墙外保温和保温模板一体化技术，正在逐步替代传统的土砖。这些先进的工程应用技术通过在建筑外墙应用保温材料，不仅大幅节省了非可再生的土地资源，而且由于其良好的保温性能，允许设计更薄的墙体。这种墙体厚度的减少直接导致了建筑材料消耗量的显著下降。此外，这些材料提供了更佳的热效率，有助于降低建筑的能耗，从而实现建筑施工过程中资源节约和环境保护的双重目标。

轻质高强建筑材料如高强轻混凝土代表了现代建筑材料科技的进步，这类材料的工程应用技术在绿色建筑领域中正发挥着重要作用。高强轻混凝土的密度较低，却能提供与传统混凝土相媲美甚至更高的强度，由此带来了资源消耗的显著减少。更轻的建筑结构重量减轻了对基础的负荷要求，使得下部承重结构可以设计得更加精细和经济，这进一步降低了建筑施工中的材料用量。此外，这种材料的应用还有助于提高建筑物的抗震性能，促进建筑施工的可持续发展。

高性能混凝土及其他高耐久性建筑材料的应用，主要是为了提升绿色建筑材料的长期性能。通过使用这些绿色建筑材料，建筑不仅能抵抗恶劣环境的侵袭，延缓老化过程，还能显著减少因频繁维修或重建而产生的资源和能源消耗。这种技术不仅增强了结构的稳定性，而且通过减少需求不断重复施工的机会，有效减少了建筑废料的产生，进而在整个建筑生命周期内实现了材料和成本的节约，符合可持续发展的建设原则。

低水泥用量高性能混凝土技术是通过优化混凝土配比和使用辅助水泥材料如粉煤灰、矿渣粉、硅藻土等，来减少水泥的用量。这种方法不仅能够减少对石灰石等自然资源的依赖，而且还可以显著降低在水泥生产过程中产生的废物排放，为对抗全球气候变化作出贡献。同时，利用工业副产品作为替代材料还可以减轻环境负担，避免了这些材料的废弃和处理问题。此外，这种混凝土具有更好的耐久性和机械性能，能够在保证结构安全的前提下，有效延长建筑物的使用寿命，并进一步实现建筑施工的绿色化与可持续性。

（5）工业废渣在建筑工程材料中的应用技术转化了传统的建筑材料生产模式，实现了资源的最大程度循环利用。通过将粉煤灰、矿渣、煤矸石、稻壳灰、淤泥等废弃物质融入水泥和混凝土中，不仅优化了材料的性能，提高了耐久度，而且还显著减少了对原生资源的依赖。这种做法在我国已广泛应用，对建筑材料工业的可持续发展发挥了积极作用。未来，提升这些废渣的综合利用水平，增加在建筑材料中的应用比例，有利于进一步推动绿色建筑材料的发展，减少对环境的影响。

人造骨料和再生骨料作为混凝土中天然骨料的替代品，对于保护有限的天然砂石资源具有重要意义。这些材料由废弃的混凝土、建筑拆除废料或工业副产品处理和改性得到，不仅减少了对环境的侵害，而且还能够缓解天然砂石的供应压力。在工程应用中，通过科学配比和工艺优化，这些再生骨料能够满足

混凝土的强度和耐久性要求，同时还能提升材料的综合性能，并为绿色建筑提供了一种可持续的材料解决方案。

废弃砖瓦的再生利用技术是绿色建筑中的重要环节，特别是对于那些城市老建筑和小城镇砖混结构建筑的废弃物。这些材料在经过适当的处理和分类后，可以作为新建筑项目的建材重新使用。例如，砖块可以被清洁和整理后用于新的建筑墙体或铺设道路，而瓦片则可以用于修复历史建筑或创造有特色的景观设计。这不仅有助于减少建筑垃圾对环境的影响，而且能够节约资源并减少新建材料的生产需求，推动建筑业向可持续发展转型。

废弃植物纤维，如农作物秸秆、废弃木材和竹子，是一种广泛存在且可再生的生物资源，尤其在我国。这些秸秆资源，在建筑材料领域中的应用展现了显著的性能潜力，特别是在提升环境可持续性方面。通过对废弃植物纤维的创新性应用研究，我国已在开发绿色环保型植物纤维水泥基建筑材料方面取得进展，这不仅有助于增强材料性能，而且还促进了农业废弃物的高值化利用，有力推动了建筑材料工业的绿色转型。

采用商品混凝土和商品砂浆。通过集中搅拌的方法，商品混凝土能够实现原材料的优化配比和更精确的控制，与现场搅拌相比，不仅节约水泥达到10%，而且也大幅降低了原材料的浪费。此外，集中搅拌的过程减少了砂石在施工现场的不必要搬运和堆放，从而减少了5%至7%的物料损耗。这种集中化和标准化的生产方式，不仅提升了材料使用的经济性，而且还有利于减少环境污染和施工现场的混乱程度。

二、建筑设计技术

建筑设计技术的具体内容如下。

第一，设计时采用工厂生产的标准规格的预制成品或部品，以减少现场加工材料所造成的浪费。这样一来，势必逐步促进建筑业向工厂化、产业化发展。

第二，设计时遵循模数协调原则，以减少施工废料量。

第三，设计方案中尽量采用可再生原料生产的建筑材料或可循环再利用的建筑材料，降低不可再生材料的使用率。

第四，设计方案中提高高强钢材使用率，以降低钢材消耗量。

第五，设计方案中提高高强混凝土使用率，以降低混凝土消耗量，从而降低水泥、砂石的消耗量。

第六节　装配式建筑技术

现阶段，由于种种因素的影响，人们对建筑行业进行的建筑施工有着不同的需求，如在一些情况下需要施工单位能够有较快的施工速度，并且在保证施工能够具有较高效率的同时，还需要工程建筑能够具有良好的安全质量，而在传统的建筑施工中，要想达成这一目标是极有难度的。但随着建筑行业的不断发展，逐渐涌现出了一大批先进的技术，使得建筑施工能够更好地满足不同人群的不同需要，而在众多的新型技术之中，现代化的装配类型建筑技术就能够很好地满足人们对于建筑效率及建筑质量的要求。

一、装配式建筑技术分析

这种新型技术就如同它的名称一样，在使用该技术进行施工时只需要对已经加工完成的建筑部件进行拼装即可。高质量部件的生产、加工全部在工厂中完成，这样就能够最大限度地优化传统施工建筑中存在的施工速度慢、施工强度大、施工环节复杂等问题，并且工厂在进行相关建筑部件生产制造的时候，能够应用现代强大的计算机技术，使得部件建造能够充分地参照用户的意愿进行设计，这样不仅能够保证建筑的质量，而且还能够有效地保证建筑物的美观程度，同时也能够给居民带来良好的居住体验。

由于装配式建筑领域刚刚起步，建筑施工建设中一般情况下会使用轻钢材质以及各种新型材料作为主要的构成材料，这些材料的选择是经过大量的试验分析验证的，所以使用这些材料建成建筑物之后，往往在保温、降噪、防虫、降低能耗、防潮方面表现出了极其强大的功能。而在实际的建筑施工建设中，由于各个工程具体的施工建设环境不一样，所以为了能够使装配式建筑方式在不同的工程中发挥出效果，施工人员开发出了具体的建筑类型的装配式建筑技术，如砌块类型的装配式建筑技术、板材类型的装配式建筑技术、盒式类型的装配式建筑技术、骨架类型的装配式建筑技术等，通过这些不同的使用方式能够有效地保证不同施工环境中的工程质量。

（一）砌块类型的装配式建筑技术

在施工建设过程中运用这种技术，一般情况下会事先将相应的施工材料制造成块材，块材运送到施工现场就能够直接进行相应的施工建筑。一般情况下进行建筑物建造的时候，这种技术只适用于建设层数在三层到五层的建筑物，此时这种施工技术能够具有良好的施工效率，并且还能够保证施工的便捷性以及安全性。更为重要的是，在进行块材生产的时候，可以使用一些工业废料或者生活废料作为原材料，这样就能够在发展建筑业的同时，做好环境保护的工作。

（二）板材类型的装配式建筑技术

装配式建筑技术以其高效率和环保特性，在现代建筑领域中占据了重要地位。板材类型的装配式建筑，特别是大板建筑，正是这一技术的代表。通过使用预制的内外墙板、楼板以及屋面板等部件，此类建筑不仅在施工过程中实现了部件的标准化和模块化，而且在整个建筑生命周期内展现出多方面的优势。相比传统施工方式，板材建筑显著减少了建筑物自身重量，通过减轻结构负荷，不仅加快了施工速度，而且还提高了建筑工人的工作效率。此外，这种技术通过优化设计，有效扩增了实际使用空间，并且由于其结构稳固，还显著提升了建筑的抗震能力。在构成建筑内部结构的时候，普遍采用钢筋混凝土制成的实心或空心板，这不仅确保了内部空间的安全性和私密性，而且还考虑到了未来可能的变动或重构需求。

（三）盒式类型的装配式建筑技术

盒式类型的装配式建筑技术代表了建筑工业化的深层进化，其高度的模块化和标准化推动了建筑行业向更加高效和环境友好的方向发展。这种技术在板材建筑的基础上进一步优化，通过在工厂内部进行大部分建筑和装修工作，实现了从结构搭建到内部装饰的全方位预制。各个构件像积木一样在工厂预装配，包括墙体、楼层、屋顶、窗户和门以及电路和管道等。甚至家具和地毯等细节元素也在工厂预装完成，这些盒式单元运至现场后可以迅速组装完成，大幅缩短了施工周期，同时也极大地降低了现场施工的复杂性和潜在风险。此外，盒式建筑由于其工厂化生产，具有更严格的质量控制，能够在设计初期就充分考虑能效和环境影响，从而在建筑的整个生命周期中实现可持续性目标。

（四）骨架类型的装配式建筑技术

骨架类型的装配式建筑结构由预制的骨架和板材组成，其承重结构一般有两种形式：一种是由梁柱组成的承重框架，再搁置楼板和非承重的内墙外墙板的框架结构体系；另一种是由竹子和楼板组成的承重板材结构体系。

二、装配式建筑的功能与特点

（一）设计多样化

装配式住宅在设计上突破了传统住房的局限，通过采用大开间的灵活分割方式，提供了与居住者需求相适应的多样化空间方案。这种设计使得空间可根据功能需要调整为宽敞的大厅或是私密的小居室，实现了居住空间的动态适应性。为了支撑这种灵活性，轻质隔墙系统成为关键，其中轻钢龙骨与石膏板或其他轻质板材的组合，不仅满足结构稳定性需求，而且也优化了施工的便捷性和空间的可配置性，极大地提升了住宅的设计价值和居住的舒适度。

（二）功能现代化

第一，节能，外墙有保温层，能最大限度地降低冬季采暖和夏季空调的能耗。

第二，隔声，增强了墙体和门窗的密封功能，且保温材料具有吸声功能，使室内有一个安静的环境，避免外界噪声的干扰。

第三，抗震，大量使用轻质材料，减少了建筑物重量，增强了装配式的柔性连接。

第四，防火，使用不燃或难燃材料，防止火灾的蔓延或波及。

第五，外观不求奢华，但立面清晰而有特色，长期使用不开裂、不变形、不褪色。

第六，为厨房、厕所配备各种卫生设施提供有利条件。

第七，为改建、增加新的电气设备或通信设备创造可能性。

（三）制造工厂化

制造工厂化是装配式建筑技术的核心优势，彻底改变了建筑外观制作的方式。利用模具和自动化喷涂及烘烤工艺，装配式建筑外墙板能够轻松实现各种复杂图案和持久色彩，避免了传统现场粉刷的色差和褪色问题。同时，随着木窗、钢门窗的逐步淘汰，塑钢门窗的崛起代表了门窗制造的进步。保温材料的转变，从散装到板状或毡状，以及屋架、轻钢龙骨和金属吊挂件的机械化生产，保证了尺寸的精确。此外，楼板和屋面板的工厂预制以及石膏板、铺地材料、吊顶板、涂料、壁纸等内部装饰材料的流水线生产，确保了材料性能的一致性和质量控制，满足了耐火、抗冻融、防潮、隔声和保温等性能要求。

第三章

绿色建筑施工组织与管理

第一节　绿色施工组织与管理概述

一、绿色施工组织与管理的基本理论

施工组织一般通过工程施工组织设计进行体现，施工管理则是解决和协调施工组织设计与现场关系的一种管理。施工组织设计是施工管理的核心内容，是用来指导施工项目全过程各项活动的技术，是施工技术与施工项目管理有机结合的产物，它能够保证工程开工后施工活动有序、高效、科学合理地进行。施工组织设计的复杂程度因工程具体的情况而不同，其所考虑的主要因素包括工程规模、工程结构特点、工程技术复杂程度、工程所处环境差异、工程施工技术特点、工程施工工艺要求和其他特殊问题等。一般情况下，施工组织设计的内容主要包括施工组织机构的建立、施工方案、施工平面图的现场布置、施工进度计划和保障工期措施、施工所需劳动力及材料物资供应计划、施工所需机具设备的确定和计划等。对于复杂的工程项目或有特殊要求及专业要求的工程项目，施工组织设计应尽量制定详细；小型的普通工程项目因为可参考借鉴的工程施工组织管理经验较多，施工组织设计可以简略些。

施工组织设计可根据工程规模与对象不同分为施工组织总设计和单位工程施工组织设计。施工组织总设计需解决工程项目施工的全局性问题，编写时应尽量简明扼要、突出重点，要组织好主体结构工程、辅助工程和配套工程等之间的衔接和协调问题；单位工程施工组织设计主要针对单体建筑工程编写，其目的是具体指导工程施工过程，要求明确施工方案各工序工种之间的协同，并根据工程项目建设的质量、工期和成本控制等要求，合理组织和安排施工作业，以此全面提高施工效率。

二、绿色施工组织与管理的内涵

（一）绿色施工管理各参与方的职责

绿色施工管理的参与方主要包括建设单位、设计单位、监理单位和施工单位。由于各参与单位角色不同，在绿色施工管理过程中的职责也不尽相同。

1. 建设单位

在起草工程概算与招标文件阶段，建设单位必须将具体的绿色施工要求纳入文件中，以确保这些要求明确无误地传达给所有潜在的投标者。这不仅涉及施工技术的绿色要求，而且还包括必须遵守的场地与环境标准、合理的工期规划以及充足的资金支持，以确保项目能够在不牺牲环境和可持续性的前提下顺利推进。此外，建设单位有责任向施工单位提供完整的绿色施工设计文件和产品规范，以确保所有资料的真实性与完整性，从而让施工单位能够准确地理解和实施绿色建筑目标。为了确保绿色施工的顺利进行，建设单位还必须建立一个高效的工程项目绿色施工协调机制，以协调各方面的工作，确保绿色施工的各个环节相互协作，共同推动项目的绿色转型。通过这样的协调和管理，建设单位不仅促进了绿色施工的实践，也为项目的可持续发展奠定了坚实的基础。

2. 设计单位

设计单位在绿色建筑施工管理中担负着关键职责，其必须依据国家现行相关标准及建设单位的具体要求来进行工程设计，以确保设计方案从一开始就融入绿色理念。这种设计不仅要体现在建筑的能源效率、材料选择和水资源管理等方面，还要考虑到施工过程中可能对环境造成的影响以及建筑物的长期运营维护。设计单位需与施工单位保持紧密合作，以确保设计细节能够被准确理解并在施工过程中得到恰当的实施。此外，设计单位还应提供技术支持，包括解答施工单位在绿色施工实践中遇到的各种问题，并协助施工单位优化施工方案，以满足绿色建筑的要求。设计单位的工作不仅是在图纸上标注绿色元素，更是在项目实施过程中提供持续的技术和创新支持，以帮助施工单位克服实际操作中的难题，共同推动建筑项目在环境保护、资源节约和生态平衡方面达到预期的绿色建筑标准。通过这样的设计与合作，设计单位确保了绿色施工理念在建筑生命周期的每一个阶段都能得到有效实施。

3. 监理单位

监理单位肩负着确保工程绿色施工标准得到遵守的监督责任。这一责任涉及对工程的绿色施工组织设计、绿色施工方案以及专项绿色施工方案进行全面审查，以保证这些方案符合国家和地方的相关绿色建筑法规及标准，并且满足建设单位的具体要求。监理单位须在工程实施过程中进行持续的监督和检查，以确保绿色施工原则在每一个施工阶段都得到实际执行。这包括了施工材料、施工方法的环保性以及施工现场的废物管理、能源使用、污染控制与对周边环境的影响最小化。监理单位必须确保所有的施工活动都符合绿色施工的预定目标，及时发现不符合规定的行为，并采取措施促使施工单位改正，以确保整个建筑工程从开工到竣工都符合绿色建筑施工的最高标准。通过这样的监督和管理，监理单位为实现建筑项目的可持续性和环境友好性提供了坚实保障。

4. 施工单位

施工单位是绿色施工实施的主体，在执行总承包管理职能时，施工单位需对绿色施工的全局负起领导责任，以确保项目从概念到完成都符合可持续性目标。此外，总承包单位要监管专业承包单位的工作，以确保他们在各自承包范围内实施绿色施工措施。这一过程中，施工单位要建立以项目经理为核心的绿色施工管理体系，以确保项目经理能充分发挥领导作用，并对绿色施工的各项任务和标准进行监督和执行。同时，施工单位还需要制定一套完善的绿色施工管理制度，这些制度应涵盖从资源利用、废物管理到能效提升的各个环节。为了加强施工团队的环保意识和能力，施工单位应定期组织绿色施工的教育和培训，通过知识更新和技能提升，引导员工在施工活动中实现环境保护和资源节约。而通过自检、联检以及定期的效果评价，施工单位能够评估绿色施工措施的有效性，及时调整和改进施工策略，以确保项目在生态效益、经济效益和社会效益方面达到最佳平衡。

（二）绿色施工管理主要内容

绿色施工管理主要包括组织管理、规划管理、实施管理、评价管理、人员安全与健康管理五个方面。

1. 组织管理

绿色施工组织管理作为确保绿色建筑施工顺利进行的基石，涉及明确设定绿色施工的管理目标，这些目标旨在引导整个建设过程符合环境保护、节能减排和可持续发展的要求。为了实现这些目标，必须构建一个坚实有效的绿色施工管理体系，该体系将涵盖项目所有阶段的环保措施和工作流程。与此同时，制定一系列绿色施工管理制度是不可或缺的，这些制度要详细规定环境管理、资源使用、废物处理等方面的标准和程序，以确保每个环节都符合绿色施工的要求，从而推动绿色建筑理念的深入实践。

2. 规划管理

在绿色施工的规划管理中，编写绿色施工方案是核心任务，该方案为整个建筑项目的绿色实践提供了明确的指导。它详细阐述了如何在施工过程中实现节能、节水、节材、节地以及环境保护（“四节一环保”）的目标。方案中不仅要设定可量化的控制目标，而且还要为这些目标配备切实可行的控制措施。这包括对材料的选择、能源使用、废弃物管理、施工方法以及现场操作流程的具体规划，确保各环节最大限度地减少对环境的负面影响，同时提升项目的整体可持续性表现。通过这样的规划管理，项目能够在满足建筑性能和功能的同时，贯彻绿色建筑的理念。

3. 实施管理

绿色施工实施管理是指对绿色施工方案实施过程中的动态管理，重点在于强化绿色施工措施的落实，对工程技术人员进行绿色施工方面的思想意识教育，结合工程项目绿色施工的实际情况开展各类宣传，促进绿色施工方案各项任务的顺利完成。

4. 评价管理

绿色施工的评价管理是指对绿色施工效果进行评价的措施。按照绿色施工评价的基本要求，评价管理包括自评和专家评价。其中自评管理要注重绿色施工相关数据、图片、影像等资料的制作、收集和整理。

5. 人员安全与健康管理

人员安全与健康管理是绿色施工管理的重要组成部分，其主要包括工程技术人员的安全、健康、饮食、卫生等方面，旨在为相关人员提供良好的工作和生活环境。

从以上分析来看，组织管理是绿色施工实施的机制保证；规划管理和实施管理是绿色施工管理的核心内容，关系到绿色施工的成败；评价管理是绿色施工不断持续改进的措施和手段；人员安全与健康管理则是绿色施工的基础和前提。

三、绿色施工组织与管理方法建立的原则

（一）绿色施工组织与管理标准化方法的建立应与施工企业现状结合

标准化管理方法的建设基础是施工企业的流程体系。建筑施工企业的流程

体系建立是在健全的管理制度、明确的责任分工、严格的执行能力、规范的管理标准、积极的企业文化等基础上形成的，因此，构建标准化的绿色施工组织与管理方法必须依托正规的特大或大型建筑施工企业，这类企业往往具有管理体系明确、管理制度健全、管理机构完善、管理经验丰富等特点，且企业所承揽的工程项目数量较多，实施标准化管理能够产生较大的经济效益。

（二）绿色施工组织与管理标准化方法的建立应以企业岗位责任制为基础

绿色施工组织与管理的标准化方法应该是一项重要的企业制度，其形成和运行均依托于企业及项目部的相关管理机构和管理人员，作为制度化的运行模式，标准化管理不会因机构和管理岗位人员的变化而产生变化。因此，绿色施工组织与管理标准化方法应该建立在施工企业管理机构和管理人员的岗位、权限、角色、流程等明晰的基础上。当新员工入职时，与标准化管理配套的岗位手册可以作为员工培训的材料，为员工提供业务执行的具体依据，这也是有效解决企业管理的重要举措。

（三）绿色施工组织与管理标准化方法的建立应通过多管理体系融合确保标准落地执行

建筑工程绿色施工组织与管理标准化不仅是指绿色施工的组织和管理，而且与传统建筑工程施工相同工程的质量管理、工期管理、成本管理、安全管理也是绿色施工管理的重要组成部分。在制定绿色施工组织与管理标准化方法的同时，应充分考虑质量、安全、工期和成本的要求，将各种目标控制的管理体系和保障体系与绿色施工管理体系相融合，以实现工程项目建设的总体目标。

第二节　绿色施工组织管理

建立绿色施工管理体系就是绿色施工管理的组织策划设计，以制定系统、完整的管理制度和绿色施工的整体目标。在这一管理体系中有明确的责任分配制度，并指定绿色施工管理人员和监督人员。

一、绿色施工管理体系

（一）公司绿色施工管理体系

施工企业应该建立以总经理为第一责任人的绿色施工管理体系，一般由总工程师或副总经理作为绿色施工牵头人，负责协调人力资源管理部门、成本核算管理部门、工程科技管理部门、材料设备管理部门、市场经营管理部门。

1. 人力资源管理部门

人力资源管理部门主要负责制定和执行人员配置策略，以确保招募到对绿色建筑理念有深刻理解的专业人才，同时也关注现有员工的继续教育和职业发展。通过精心策划的培训计划，该部门致力于提升团队的绿色施工能力，监督这些培训活动的实施，并确保成果转化为施工实践中的改进措施。它还承担着将最新的绿色施工政策和制度传达给全公司员工的责任，通过定期的内部沟通会议、工作坊和简报等方式，保证每一位员工都能及时了解并遵循最新的绿色施工要求。这种跨部门的协同合作不仅加强了公司的内部凝聚力，而且也促进了绿色建筑实践的不断创新和发展。

2. 成本核算管理部门

该部门的任务是深入评估节能减排和资源循环利用等绿色措施对成本的影响，以及这些实践所带来的直接和间接经济收益。通过对材料成本、能耗、水耗和废弃物处理成本的综合审查，此部门能够确定绿色施工策略的成本效益比，并提供关键的数据支持，以助于决策者在财务可行性和环境责任之间找到平衡点。通过精确的成本核算和效益分析，该部门为公司提供了持续推进绿色施工实践的经济基础和激励机制。

3. 工程科技管理部门

该部门负责协调公司内所有绿色施工项目的人员配置、机械利用、周转材料使用和废弃物处理等关键环节。该部门确保绿色施工措施在项目层面得到妥善规划与执行，同时监控这些活动以保证其符合既定的环保和可持续标准。通过搜集和分析项目数据，该部门评估项目执行的效率和成效，以确保信息的完整性和准确性，并通过与其他项目的横向比较来识别改进机会，进而提高整个公司的绿色施工水平。此外，该部门还定期执行公司级别的专项绿色施工检查，以确保各项绿色实践和政策得到有效实施。他们与人力资源管理部门通力合作，不仅宣传绿色建筑的最新政策和制度，而且确保这些政策在项目层面得到正确的理解和执行，以此来巩固公司的绿色施工承诺，并推动整个组织的可持续发展。

4. 材料设备管理部门

该部门负责构建和持续更新公司的《绿色建材数据库》及《绿色施工机械、机具数据库》。这些数据库的建立，旨在为项目提供一个权威的绿色材料和设备信息来源，以支持可持续的采购决策和使用效率。该部门还严格监控项目部实施的材料限额领料制度，以确保材料的使用效率最大化，同时减少浪费。施工机械设备的维修、保养和年检制度也在其监督范畴之内，以保证施工设备运行在最佳状态，并符合绿色施工的要求，同时既延长设备寿命，又减少能耗和排放。通过这些措施，材料设备管理部门致力于推动整个组织的资源效率和环境绩效，以确保绿色施工项目不仅在建筑效果上，而且在施工过程中都能体现出对环境和可持续性的深度承诺。

5. 市场经营管理部门

该部门负责审查所有绿色施工分包合同，以确保合同中明确包含绿色施工的相关要求和标准。这包括但不限于材料的可持续来源、能源和水的高效使用、废物减少及循环利用等绿色实践的具体条款。部门的这一职责确保了绿色施工标准被有效地纳入合同之中，并且为后续施工活动中的合规性和环境绩效标准的达成提供了法律和操作框架。

（二）项目绿色施工管理体系

实施绿色建筑项目时，需构建一套适宜的管理架构，以确保绿色施工理念的贯彻。该管理架构并非完全颠覆传统模式，而是在现有的组织架构上进行优化，整合绿色施工的目标与要求，同时确立明确的职责与管理目标以促进绿色施工的有效执行。

在具体操作层面，项目部应成立专责的绿色施工管理机构，该机构负责整合和协调项目建设中的各项绿色施工活动。该机构应由来自项目管理团队的关键成员组成，并可能涉及项目的其他各方，如建设者、监理单位、设计单位的专业人员。为了加大绿色施工的执行力度，项目还应指派专门的绿色施工管理员，并由各相关部门选派联络员，负责协调本部门的绿色施工相关事务。

二、绿色施工管理理念的主要特点

绿色施工的整合性特征明显，在具体操作层面，选用环保建筑材料能够提高工程的作业效率，并满足设备使用的标准化要求。区别于传统施工常用的单功能设备，绿色施工更倾向于采用功能多样的机械设备。这一变化得力于信息技术的飞速进步和人工智能的广泛应用，有效减少了施工现场的劳动力和机械设备需求，这样不仅减少了能源消耗，削减了工程成本，而且也有益于生态环境的保护。

在建设项目的执行过程中，制订出系统性的计划至关重要。绿色施工的系统化表现在其能够在筹备阶段进行灵活的施工计划设计，高效率地整合资源，以期达到环保目标，并且通过减少机械设备使用，以实现节能和减排的目的。在管理策略的拟定上，绿色施工更强调对工程各个阶段的全面管理，凸显其在提高建设工程整体表现中的作用，其最终目标是促进建筑、自然环境与人类的协调发展。

信息化是绿色施工的一个关键特征，通过精准的参数监控和管理，确保项目建设的科学合理性，同时借助高效的机械设施推进工程进度。信息化的核心在于信息资源的有序整合与高效利用，在执行过程中，施工人员应以低碳环保的原则进行作业。

第三节　绿色施工规划管理

一、绿色施工图纸会审

绿色施工开工前应组织绿色施工图纸会审，也可在设计图纸会审中增加绿色施工部分，从绿色施工“四节一环保”的角度，结合工程实际，在不影响质量、安全、进度等基本要求的前提下，对设计进行优化，并保留相关记录。

现阶段绿色施工处于发展阶段，工程的绿色施工图纸会审应该有公司一级管理技术人员参加，在充分了解工程基本情况后，结合建设地点、环境、条件等因素提出合理性变更设计申请，经相关各方同意会签后，由项目部具体实施。

二、绿色施工总体规划

（一）公司规划

在确定某工程要实施绿色施工管理后，公司应对其进行总体规划，规划内容包以下五项。

第一，材料设备管理部门负责利用绿色建材数据库筛选出 500 公里范围内的供应商，以确保所选建材的环保性和能效标准，同时优化物流成本和减少运输过程中的碳排放。这一策略配合使用绿色施工机械和工具数据库，考虑到工程的地理位置、规模、技术需求和施工环境，管理部门将为不同工种和施工阶段推荐适合的机械设备，旨在提高施工效率和安全性能，同时降低能耗和排放。这项选型建议还须确保设备满足绿色认证标准，如低噪声、低排放和高能效等，以支持项目的环保目标。通过这种细致入微的规划与管理，绿色施工的各个层面得以相互协调，共同促成施工过程中资源的最优化利用，进一步推动建筑项目在经济、社会和环境三个方面的可持续发展。

第二，工程科技管理部门通过对周边在建项目的详细调研，能够掌握临建材料和废弃物的处理情况，从而针对特定工程的需求，提出利用已有资源和最佳处理方式的建议。这包括对临时设施所需的周转材料进行精准预测和优化，以减少材料的浪费和提高重复使用率。同时，管理部门将探索临时道路和路基建设所需的碎石等建筑垃圾的最佳来源，优先考虑使用工程附近产生的建筑废弃物，实现资源的就地转化和再利用。此外，若工程中存在拆除工序，相关建筑垃圾的处理也将纳入整体规划，寻找最近的回收和处理点，以减少运输距离，降低碳排放，并尽可能转化为可利用资源。这些措施不仅响应了绿色施工的环保理念，也体现了对周边环境和资源的深思熟虑，确保了施工过程中环境影响的最小化和资源效率的最大化。

第三，在绿色施工的目标设置阶段，工程科技管理部门应深入分析工程自身的特点，包括规模、类型、所处环境以及社会经济影响等因素。参考过往类似工程的经验教训，综合考量绿色施工的最佳实践和创新方法，提出具体可行的目标。这些目标应涵盖资源使用的最大效率，包括能源节约、水资源合理利用、材料的环境友好性和再生能力。同时，要求应包括降低建设和运营过程中的环境污染，如对噪声、扬尘和废物排放的控制。此外，目标还应考虑工程对当地生态系统的影响，以促进生物多样性保护和自然环境平衡。应确保所有目标都与可持续发展的原则相符，并能通过具体的、量化的指标进行监测和评估，以便在施工过程中持续改进，达成绿色施工的终极目的。通过这些综合性的目标设定和要求，绿色施工管理将在确保经济效益的同时，显著提升建筑项目的环境绩效和社会责任。

第四，在绿色施工项目中，确保有资质的人员在关键岗位任职是至关重要的。对于那些需要特定证书和特种操作技能的工作，比如操作特种机械或进行电工、焊接工作，公司应细致规划人员配置，以确保这些岗位由持有相应资格证书的专业人员担任，并且这些证书是有效和符合最新绿色施工标准的。此外，为了提升整个团队对绿色施工的认知和操作技能，所有相关工作人员都应接受基础的绿色施工培训，这包括但不限于环境法规、节能减排方法、绿色材料的使用、废物管理以及施工场地环境保护等。这种培训不仅有助于人员提高个人技能，同时也将整体提升工程的绿色施工水平。对于新加入的员工，应提供入职前的必要绿色施工培训，以确保他们能够迅速融入团队，遵守绿色施工的要求，维护工程的绿色施工标准。这样的人员配置和培训体系将为实现项目的绿色施工目标奠定坚实的基础。

第五，在公司层面推进绿色施工，核心目标是实现资源的高效利用与环境保护。这要求公司在全方位考虑如何通过有效协调来最小化资源消耗，以实现人员与机械的最优配置，并提高设备协同作业的效率。在这个过程中，公司应建立一个集中的管理系统，此系统能够监控资源使用情况，评估人员配置的合理性，并优化设备的分配与使用。为了减少浪费，公司需要在采购策略上做出调整，优先选择可持续来源的材料，并且尽可能地利用本地供应链。同时，对于人员配置，公司需确保每个岗位都由具备相应绿色施工知识和技能的员工担任，通过培训和职业发展机会来提升他们的能力。设备使用上，应推广节能型和低排放的机械，并通过智能调度系统来提高协同作业的效率。通过这些措施，公司将能在减少环境足迹的同时提高项目效率，满足绿色施工“四节一环保”的要求，即节能、节地、节水、节材和环境保护。

（二）项目规划

在进行绿色施工专项方案编制前，项目部应对以下因素进行调查并结合调查结果做出绿色施工总体规划。

1. 工程建设场地内原有建筑分布情况

（1）原有建筑需拆除：要考虑对拆除材料的再利用。

（2）原有建筑需保留，施工时可以使用：结合工程情况合理利用。

（3）原有建筑需保留，施工时严禁使用并要求进行保护：要制定专门的保护措施。

2. 工程建设场地内原有树木情况

（1）需移栽到指定地点：安排有资质的队伍合理移栽。

（2）需就地保护：制定就地保护专门措施。

（3）需暂时移栽，竣工后移栽回现场：安排有资质的队伍合理移栽。

3. 工程建设场地周边地下管线及设施分布情况

详细记录所有现有的地下设施，如水管、电缆、燃气管线等，并在施工图纸中明确标注，以确保施工过程中的所有活动都能够避免对这些设施造成损害。在此基础上，施工团队需要制定一套综合的保护措施，包括设立明显的标识、安装防护装置以及定期监测这些管线和设施的状态。另外，应考虑在施工过程中，是否存在利用这些现有设施的可能性，如临时接入现有水管或电网以供施工用途，这样做不仅能够减少资源消耗，还能避免因新建设施而导致的重复施工。通过这样的规划和管理，不仅保障了地下设施的完整性，也为绿色施工的高效和经济性打下了基础。

4. 竣工后规划道路的分布和设计情况

为了实现资源的最大化利用和施工活动的高效性，施工道路的布局应当与最终规划道路的布局保持一致。这样做可以确保施工阶段建设的道路未来也能作为永久性道路使用，从而避免了建设临时道路后又拆除重建的资源和时间浪费。在施工道路的设计中，应该严格参照规划道路的路基和结构标准进行施工，以确保道路的质量和耐用性。这种方法不仅减少了施工期间对环境的影响，也降低了工程成本，同时加快了工程项目的整体进度，体现了绿色建筑施工管理对高效率和可持续性的追求。

5. 竣工后地下管网的分布和设计情况

针对排水管网，推荐在施工初期就进行一次性施工到位。这种方式能够保证管网系统的完整性和效率，同时减少因临时排水设施反复搭建和拆除所造成的资源浪费和环境破坏。在施工过程中，应提前规划并启用这些排水管网，以便于工地排水和减少潜在的水体污染。这样的做法不仅符合绿色建筑的可持续发展原则，而且也能够有效地降低工程总成本，提高施工效率，同时为未来建筑的运营提供坚实的基础设施支持。

6. 本工程是否同为绿色建筑工程

在确定本工程的同时，也致力于创造绿色建筑的关键环保设施，例如雨水回收系统，就应在施工早期阶段进行规划和建设。通过这种做法，我们能够确保这些系统可以在施工过程中立即投入使用，从而实现雨水的有效管理和再利用。这不仅减少了对新水资源的需求，而且避免了施工完成后对已有结构进行改动的需要。及早集成这些绿色设施，将进一步增强建筑的环境绩效，并确保项目从一开始就遵循可持续和生态友好的原则。

7. 距施工现场500公里范围内主要材料分布情况

在绿色建筑施工过程中，对于距离施工现场500公里范围内的主要材料分布进行详尽的调查是至关重要的。项目部需要综合考虑材料供应的可靠性、经济性及对环境的影响，对于远距离运输的材料，必须评估运输过程中的能耗和潜在损耗，并仔细权衡这些因素如何影响整个项目的可持续性。如果发现高能耗或高损耗材料，应在确保不降低工程质量、安全性、进度和外观标准的前提下，探究可能的设计变更，以便利用更近距离的资源，降低整体环境影响，优化施工成本，并助力绿色建筑项目的成功实施。

8. 相邻建筑施工情况

施工现场的环境调查需包括识别附近的在建或计划建设项目。这一点可以通过多方面的合作来优化资源利用，比如建立建筑废料处理合作机制，协调临时设施和材料的共享以及策划机械设备的共用。实施项目可以进一步探索共用土方堆放区域以减少运输和处理成本，甚至实现临时绿化元素的移植与再利用。这样的合作可以降低整体施工成本，缩短工期，并强化项目的绿色环保特质，为实现可持续发展目标作出贡献。

9. 施工主要机械来源

依据公司的设备选型建议，施工管理团队应深入了解工程现场的周边条件，优先选用本地或邻近地区的机械资源。这种策略有助于减少因长距离运输而产生的能源消耗和碳排放，同时也能加快设备到场和调配速度。为此，管理团队需要与地方供应商建立良好的合作关系，以确保设备的供应能够满足施工的需求，这既保证了施工效率，又符合绿色施工的原则。通过这种方式，项目不仅能够达到环保目标，而且也能在经济上实现成本控制。

10.其他

（1）设计中是否有某些构配件可以提前施工到位，在施工中运用，避免重复施工。例如，高层建筑中消防主管提前施工并保护好，用作施工消防主管，避免重复施工；地下室消防水池在施工中用作回收水池，循环利用楼面回收水等。

（2）卸土场地或土方临时堆场，应考虑运土时对运输路线环境的污染和运输能耗等，距离越近越好。

（3）回填土的来源，应考虑运土时对运输路线环境的污染和运输能耗等，在满足设计要求前提下，距离越近越好。

（4）建筑、生活垃圾处理，应联系好回收和清理部门。

（5）构件、部品工厂化的条件，应分析工程实际情况，判断是否可采用工厂化加工的构件或部品；调查现场附近钢筋与钢材集中加工成型、结构部品化生产，装饰装修材料集中加工、部品生产的厂家条件。

三、绿色施工专项方案

在进行充分调查后，项目部应对绿色施工制定总体规划，并根据规划内容编制绿色施工专项施工方案。

（一）绿色施工专项方案审批要求

绿色施工专项方案要求严格按项目、公司两级审批。一般由绿色施工专职施工人员进行编制，项目技术负责人审核后，报公司总工程师审批，只有审批手续完整的方案才能用于指导施工。

绿色施工专项方案，如有必要，可考虑组织进行专家论证。

（二）建筑工程绿色施工管理存在的问题

1. 缺少施工标准

在建筑工程施工与建设过程中，确保施工质量是至关重要的。它不仅决定了建筑的使用性能，还关系到公众的资产和安全。然而，在绿色施工管理方面面临着全面而科学的施工标准缺乏的问题。这一不足导致了部分工程的施工质量无法达到预期标准，从而影响到整个建筑行业的健康发展。缺乏规范的施工方法，如不按规范要求砌筑墙体，导致结构不稳定；钢筋混凝土结构的钢筋长度和含量不达标等问题，不仅降低了建筑的质量，还加大了绿色施工管理的难度，增加了安全风险。

2. 管理制度有待完善

近年来，尽管绿色施工管理理念在我国建筑行业逐渐深入人心，但施工管理制度的完善仍然滞后。建筑工程项目在管理上缺乏成熟的体系，监管不力，导致某些企业在追求经济利益时忽略对能源和环境的保护，造成高污染和高消耗的问题。资源的浪费和对高耗能材料的依赖未得到有效遏制，这些问题反映出绿色施工管理在实际操作中遭遇重重阻力，不仅损害了环境，还不利于建筑业的长远发展。

3. 建筑环保意识有待进一步提高

尽管我国在提升环保意识方面做出了努力，但由于人口众多和地域广阔导致的综合素质差异，以及在执行环境保护措施上的不足，建筑行业环保管理仍面临挑战。环境保护的普遍认知不高，体现在建筑施工人员在选择建筑材料和处理建筑废弃物时缺乏足够的环保意识。这种状况不但减缓了环保理念在建筑行业的渗透，而且还加剧了环境污染问题。

（三）绿色施工管理措施

1. 资源节约利用措施

（1）实施节约用水的施工技术，通过计算施工用水的量来设定用水标准，并执行量化管理。

（2）施工场地规划完善的排水系统，包括生活和降雨用水管道，并建造蓄水设施，保证定时的清洁与消毒工作，以确保收集的雨水和废水能够达到回收利用的标准。

（3）在洗手间和沐浴区安装具有定时和自动控制功能的节水装置，如节水型冲水箱和淋浴头。

（4）利用收集的雨水和地下水，经过三级沉淀处理，用于清洗车辆、湿润道路、灌溉绿化以及日常清洁。

（5）使用电子设备进行混凝土和砂浆的配水工作，并在混凝土浇筑后采取覆盖、喷水养护或涂抹养护剂的方法，减少水资源的浪费。

2. 能源节约利用措施

（1）对施工场地的施工活动、居住生活、行政办公及施工设备的用电需求进行分类设定控制标准，周期性地执行用电量的统计、审查与分析，并草拟相应的预防及纠正策略。

（2）施工场地在选材时优先考虑使用耗能更低的电缆和照明设备，临时设施需安装能自动调节的管理系统。推广高效率的照明源和低能耗的声控或光控照明系统，倡导太阳能街灯和太阳能供暖器具的使用。

（3）优先选配政府和行业推荐的节能型、高效能且环境友好的施工机械，以及能耗低、效率高的电动器械和机具。

（4）合理安排空调和风扇的数量，明确运行时段，实行时间分区、分时段使用策略，以降低夏季制冷和冬季供暖设备的使用频率和能源消耗。

3. 大力研发推广环保新技术、新材料

在建筑行业中，创新技术的研发和环保新材料的推广是不断进步的关键。企业必须建立科研部门以专注技术开发，强化自主创新，形成具有竞争力的专利技术，并努力将其推广应用，从而使更广泛的建筑工程受益。同时，整合信息技术于绿色施工管理中，实现科学化和自动化，通过实时监测施工参数，优化资源配置，以最小的资源消耗实现最高的施工效率，促进环保和可持续发展。这不仅能够推动建筑行业的质量转型，还能显著提升项目的环境友好度。

4. 积极实施建筑工艺改良的技术

为有效提升绿色施工管理水平，创新改良建筑工艺是关键。以混凝土墙体施工的两层连铺技术为例，此绿色技术不仅显著缩短施工时间，而且减轻结构破坏，增强地基稳定性。在工艺技术革新中，保护工程建筑周边地质结构及事前勘探至关重要，能有效预防建筑裂缝。同时，在全封闭式施工管理中，应提高项目抵抗自然灾害的能力，并对潜在问题区域采取适当防护措施，以确保施工质量与环境和谐。

5. 科学管控施工中产生的噪声污染

为降低施工机械和运输车辆产生的噪声对周边环境的影响，可以采取多种措施。通过选用低噪声设备，对噪声源进行有效隔离和吸声处理以及合理安排施工时间避免夜间或居民休息时间作业，可以显著降低噪声扩散。同时，定期对施工设备进行维护保养，以确保其在最佳状态下运行，减少不必要的噪声。此外，施工现场周边可设立隔音屏障，并对施工人员进行噪声控制培训，强化其在施工中的噪声意识，以确保各项噪声控制措施得到有效执行，共同减少施工活动对环境的影响。

第四节　绿色施工实施管理

绿色施工专项方案和目标值确定之后，进入项目的实施管理阶段，绿色施工应对整个过程实施动态管理，加强对施工策划、施工准备、现场施工、工程验收等各阶段的管理和监督。绿色施工实施管理的实质是对实施过程进行控制，以达到规划所要求的绿色施工目标。通俗地说，就是为了实现目标进行的一系列施工活动，作为绿色施工工程，在其实施过程中，主要强调以下五点。

一、建立完善的制度体系

绿色施工要求在启动前精心制订细节周密的专项方案，这包括明确设定的可量化的绿色目标。为了在工程实施过程中确保这些目标的实现，必须构建一个全面的制度体系。该体系不仅对非绿色行为设定约束，更明确指引如何采取绿色措施，确保施工活动的环境友好性。有效的制度是绿色施工成功的关键，它为项目的每一个阶段提供了操作指南和评价标准，以确保绿色理念在施工全过程中得到贯彻和体现。

二、配备全套的管理表格

为了确保绿色施工的目标得到实现，必须配备一系列详尽的管理表格。这些表格的设计应围绕绿色施工的量化指标，使得相关数据的收集和分析成为可能。在施工过程中，管理团队需要定期记录实际表现数据，并与既定目标值进行对比。发现偏差后，要迅速采取纠正措施或对标准进行调整，以确保项目始终按照绿色施工的要求推进。此外，随着项目的进展，某些施工措施会逐渐退出舞台，但通过这些管理表格，仍能够持续评估绿色施工的成效，确认其带来的环境和经济效益，并及时识别与解决出现的问题。这些表格不仅作为监控和评估工具，还有助于持续改进施工过程，推动绿色施工理念的深入实施。

三、营造绿色施工氛围

营造绿色施工氛围的关键在于教育和文化的转变，使得节约资源与环境保护成为每位职工内心的自觉追求。通过有效的沟通和宣传策略，结合项目的具体特征，可以设计并传播有效的信息，以提高绿色施工的可见性和紧迫感。在施工现场，通过在显眼位置设置环保标识和施工标牌，增加环境保护内容，不仅在视觉上强化了绿色信息的传播，也为现场人员提供了常态化的环保提醒，这有助于将绿色施工理念根植于每位员工的日常行为中，进而促进绿色施工的理念更好地转化为自觉的实践行动。

四、增强职工绿色施工意识

施工企业必须将内部建设和管理水平作为核心任务，这包括对管理人员的持续培训，主要目的是提升他们的专业素质和环境意识，同时也让他们成为操作层员工绿色施工知识的传递者。通过定期的教育和宣传活动，比如利用黑板报和发放宣传册，企业应激励所有员工遵循既定的绿色施工措施，养成节约资源、维护设备、保持工地清洁和避免环境污染的习惯。这样的实践将促使员工在绿色施工中承担起更大的责任，并积极参与到这一环保活动中来。

五、借助信息化技术

信息化技术在绿色施工实施管理中扮演着关键的辅助角色，它通过集成进度控制、质量控制、材料消耗及成本管理等模块，为施工企业提供了一套完整的管理工具。企业可以在现有的信息化平台上进一步开发绿色施工管理模块，使绿色施工的监督、控制和评价变得更为系统和高效。利用这些工具，企业能够实时监控施工活动，确保所有环节都能符合绿色施工标准，同时还有利于及时发现偏差并采取纠正措施，从而确保施工项目符合环保标准。

第四章
绿色建筑施工突发事件应急管理

第一节　环境应急预案与应急响应的基本概念

当发现绿色施工与环境因素发生冲突时，应进行相关的环境影响识别和分析，并制定应急预案。应急准备和响应的效果在很大程度上取决于应急预案的策划和实施水平。

一、应急预案的概念和内容

应急预案主要是针对可能发生的紧急情况而制定的应急程序，如对应急措施、方法、人员配备、资源和相关内容的具体规定。应急预案是应急响应的准备与实施策划的结果，也是指导应急和准备活动的基本文件。应急预案的主要内容包括：应急目标、应急范围、应急的紧急情况、应急的风险、应急措施、应急评估。

有条件的企业，应该放弃传统的事前制定应急预案的方式，改为在施工组织设计中结合施工工艺和施工方法策划有针对性的应急措施，因为正是目前的施工项目应急机制不能有效地把应急预案与施工工艺和方法结合起来，使得应急预案难以发挥应有的作用。

二、应急预案的作用

应急预案是一套为应对突发状况而设计的综合管理体系，涉及机构框架、活动规划、岗位职责、管理手段、流程、过程及所需资源。它作为绿色建设和环境管理的关键组成部分，专门针对可能发生的特定风险事件与紧迫状况制定的一系列预定措施。这份预案作为紧急反应的操作蓝图，旨在避免紧急事态发生时的混乱局面，确保能够依照既定的应对程序迅速进行有效救援，以防止和降低潜在的职业健康安全风险。

第二节　环境应急预案的策划和编写

一、建立预案编制团队

施工现场的应急救援行动涉及不同部门、不同领域，因此，需要施工企业组织一个专门的预案编制团队，统一组织施工。一则可以弥补临时性存在的项目部在编制预案中的经验不足；二则施工企业在投标过程中可以通过现场勘查等手段，先于后来成立的项目部掌握有关周边情况；三则有利于寻求与危险源直接相关的各方进行合作。

二、应急预案的准备和应急内容的策划

（一）紧急情况的识别

在绿色建筑施工过程中，紧急情况的识别是构建有效应急预案的核心环节。它涉及对潜在风险的系统性分析，包括对施工现场可能存在的严重危险和环境因素进行深入的识别与评估，这一过程要求综合考虑地理位置、气候条件、施工对象的特性以及采用的施工技术方法。此外，通过回顾地区内外建筑行业历史上的环境事故案例，可以提炼出关键的风险点。紧急情况的识别不仅要基于过往经验和专业判断，还必须符合当前的国家法律法规及相关标准，以确保预案的合规性和时效性。这样的风险识别机制旨在为后续的风险评估和应急措施制定提供坚实的基础，从而在应对不可预见的紧急环境事件时，能够迅速、有序地展开应对措施，从而最大限度地减轻事故对环境和人员的影响。

（二）脆弱性分析

脆弱性分析是应急方案的关键内容它是指根据环境和安全工程理论的基本理念，确定施工生产活动过程中的薄弱环节，采取相应预防和应对措施，以减少损失。具体来说，脆弱性分析结果应提供下列信息。

（1）受事故或灾害严重影响的区域，以及该区域的影响因素（如地形，交通、风向等）；

（2）预计位于脆弱带中的人员数量、工种以及可能波及的外部人员情况（如居民、职员、敏感人群、医院、学校、疗养院、托儿所）；

（3）可能遭受的污染导致的财产破坏，包括基础设施（如水，食物，供电、医疗）和运输线路；

（4）可能的其他环境影响。

脆弱性分析的核心是准确预测和确定容易被破坏的地方和部位。针对脆弱性分析提出的系统性分析方法，简称“LXT”方法。

该方法具体操作流程为：首先根据施工环境因素与危险源识别信息与风险评价的信息，在现有控制措施的基础上分析环境因素和危险源发生事故的特性；然后依据风险发生的可能性，建立相关的数学预测模型或组织相关专家使用定性方法分析；最后确定分析过程，验证相关脆弱性结果。

其中，数学模型可以按照危险源的特点建立模型。因此，需要大量的应急管理的历史数据。

对于脚手架搭设导致的高处坠落及相关环境影响（粉尘、固废、噪声），可以根据脚手架安全施工方案的荷载计算结果，建立相关的脆弱性预测数学模型；从搭设方法、荷载方式、荷载内容等方面进行综合分析，确定具体的脆弱性部位。因此，应组织建立行业的数据库，逐步形成相应的脆弱性抽测数学模型，并逐步确定相关的脆弱性分析公式。同时，脆弱性分析还应该考虑企业层面的脆弱性环节，分析企业应急救援活动（含社会救援）与施工现场应急救援的接口脆弱性问题。

（三）风险分析

风险分析是根据脆弱性分析的结果，评估环境事故或灾害发生时，对施工现场及周边造成破坏（或伤害）的可能性，以及可能导致的实际破坏（或伤害）程度。在数学上，风险表现为事故发生的可能性与其损失的乘积。通常可能会选择对最坏的情况进行分析，风险分析最终应提供下列信息。

一是环境突发事件或紧急情况发生的概率，包括多种情况的交叉发生概率。

二是对人群健康的潜在威胁，包括立即、延迟或长期的风险，以及特定的高风险群体。

三是财产受损的形态，是否是短暂的、可修复的或不可逆的损失。

四是对环境遭受的影响，要判断其是否可逆或是否造成长期伤害。

（四）应急能力评估

依据危险分析的结果，对已有的应急资源和应急能力进行评估，包括企业及施工现场应急资源的评估，明确应急救援的需求和不足。应急资源包括救援人员能力、接受的培训和应急设施（备）、装备和物资等；应急支援的调动能力等。

（五）应急预案内容

应急预案应包含以下基本内容：项目场景描述，施工部署及主要施工工艺，可能发生的潜在事件和紧急情况，相关法律、法规、标准、规范要求，各种应急程序、应急方法，应急指挥与协调，应急测量和处理。

以上内容的风险往往在于两个因素之间的协调和匹配问题没有得到有效解决。

第三节　应急准备的实施

一、应急工作组织

（一）应急的组织模式

在建筑企业面临紧急事件时，采用一个高效率和高运行质量的组织模式至关重要。为此，建议建筑企业借鉴日常行政管理模式，构建一个分层次、树状的指挥结构，这样能够确保快速且有序的行政干预，且能根据事件的严重程度进行适当分级。在这种体系下，企业总部作为核心，将各项目作为应急网络的节点，通过扁平化的管理结构，增强信息流通和资源配置的灵活性。各节点依托于事故指挥系统、多机构协调系统和应急信息系统来运作，这些系统提供了事故规模、资源需求和控制能力的实时数据，这些数据是向上级政府请求支持和响应的关键依据，确保了在紧急情况下能够得到必要的支持，同时保持了应对措施的灵敏度和适应性。

（二）建筑企业的应急机制

完善的建筑企业应急管理机制的基本特点应该是统一管理、属地为主、分级响应、标准运行。

1. 统一管理

企业的各级应急管理部门都扮演着指挥和协调的核心角色，确保所有行动和资源的调配按照预定的计划和程序执行，最大限度地减少混乱和资源浪费。统一管理不仅在应对突发事件时发挥作用，而且日常的应急准备工作，包括员工的培训、应急知识的宣传、应急演练的开展以及必要的物资和技术保障的储备，都在其职责范畴内。这样可以确保全员对应急流程的熟悉度，提升整体应急反应能力。在资源配置方面，统一管理避免了重复投资和资源错配，使得企业能够更加经济有效地使用其应急管理资源。通过这一整套系统的运作，企业能够在确保工程绿色、安全的同时，增强对突发风险的控制能力，提高整体的应急管理效率。

2. 属地为主

这种原则下，无论突发事件的规模如何，项目团队都承担着指挥和协调的重任，而企业的总部以及上级政府机构则提供必要的支援和协作。这样的安排确保了应急响应的迅速性和针对性，因为项目现场的团队对当地的环境、资源以及具体情况有着最直接的了解和掌握。在遭遇重大和广泛影响的紧急事件时，尽管企业的应急管理机构不直接介入现场指挥，但通过项目和区域公司的紧密合作，能够确保救援活动的有效性和及时性。这种快速反应机制不仅能够最大限度地减少潜在的危害和损失，而且能够维护企业和公众的安全，提高整体的应急管理能力。

3. 分级响应

事件的严重程度是评估的第一标准，它直接关联到人员的安全、环境的影响以及财产的损失。紧随其后的是社会关注度，一个事故可能在物理上不是特别严重，但如果公众对此高度关注，那么就需要通过提高响应级别来管理公众的期望和媒体的关注。这种响应机制并不意味着指挥权的随意转移，而是要求在保持组织内部指挥结构稳定的前提下，根据实际需要动态调整行动方案。通过这种方式，我们可以确保对任何紧急情况的反应既有序又适时，以保证最终达到最有效地保护人员安全和减少环境损害的目的。

4. 标准运行

在此过程中，所有操作的执行都要依赖预先设定的标准化程序，这些程序覆盖了物资配送、人员和资源的调度、关键信息的共享以及紧急通信的联络等方面。此外，术语的使用、文档的格式、救援人员的服装和标志也都应遵循统一标准，以确保在高压和快节奏的应急情况下，每个环节都能够准确无误地衔接，每个参与者都能够清晰地理解命令和信息。标准化的运作不仅减少了人为错误，还极大地提高了处理突发事件的效率，保证了应急管理水平的稳定性和可靠性。通过这种制度化的规范，可以保证绿色建筑施工中的应急预案能够高效、有序地展开，为项目的顺利完成和人员安全提供坚实的保障。

（三）企业的应急组织和管理职责

在建筑企业中，应急组织和管理职责的核心在于确立一个结构清晰、响应迅速的应急体系。该体系由总部应急工作小组和位于各项目的应急小组构成，这些组织必须通过明确的应急程序和授权机制来协调动作，从而形成一个统一高效的应急管理网络。总部应急工作小组由企业的主要负责人领导，各部门负责人参与其中，他们的任务是确保企业在各个层面都做好了应急准备，并能够实施有效的救援行动。这包括应急资源的分配、应急组织的建立以及应急方法的制定，其目的是确保在危急时刻能够有序地动员企业的所有资源。与此同时，项目现场的应急管理小组以项目经理为中心，构建起针对具体施工现场的应急管理职责，确保在遇到紧急情况时，项目层面的应急响应能够迅速、有效地展开。这样的安排旨在打造出既能在上层层面统筹协调，又能在现场层面具体操作的灵活而强大的应急管理体系。

二、应急预案的编制、应急交底和应急培训

（一）应急预案的编制

应急预案的编制是一项系统的工程，涉及企业和项目管理的多个层面。在企业或项目经理的领导下，编写团队需要依据项目的目标和指标，全面评估项目的结构特征和潜在限制，从而科学地制定预案。这个过程通常在关键作业活动启动前两周完成，以确保有足够的时间进行彻底审查和必要的修改。应急预案的内容覆盖了企业层面的应急支持调动，包括授权机制、详细步骤和方法以及与外部紧急救援机构的协作途径。一旦预案初稿准备就绪，它需要经过包括技术、质量检查、安全、物资、财务和合同管理等相关部门的综合评审，这样可以对涉及的技术方案、设备和资金需求进行可行性分析，从而确保预案的实用性和安全性。上级公司的生产安全部门负责最终审批，并且在关键情况下，

应该邀请外部专家对预案进行评估。施工现场的应急预案在得到施工单位的批准后，必须提交给监理机构和总监理工程师签字，以确认后方可实施，这一连串的步骤确保了应急预案的严谨性和实施的有效性。

（二）应急交底

应急预案完成审批后，为确保作业活动的安全性，项目部须对涉及土建施工、设备安装及装饰工程的相关人员进行详尽的应急交底。这一过程中，重点传达各类作业活动中的潜在风险，如火灾、爆炸、化学品泄漏等，以及因地质灾害如台风、泥石流引发的紧急情况。教授应急控制措施、操作要求、救援技能、应急设备使用方法，以及快速安全疏散的知识，以确保每位作业人员都能掌握自救和互救的技能，明确紧急疏散路径，并熟悉紧急救援设备的位置和操作。这样的交底不仅减少事故发生的风险，而且在紧急情况发生时能最大限度地保护人员安全和减少财产损失。完成交底后，必须由作业人员和项目部安全员双方签字确认，以确保信息的准确传达及后续监督的到位。此外，企业总部也应与施工现场就应急预案中的关键接口环节进行充分的沟通和交底，进而保障信息的无缝对接。

（三）应急培训

通过培训，工人学到了在职业活动中遇到的潜在危害、意外事故的应对方法以及如何有效地报警、疏散和使用灭火器等基本技能。重点培训内容针对应急响应小组成员，强调在不同紧急情况下的行动措施和具体工作分配。同时，强化其他在场工人对紧急信号的识别，疏散路线的了解和自救知识的掌握。培训形式应根据施工现场实际情况和人员的文化水平及工作性质灵活选择，可以是集体培训，也可以是根据专业和工种分组进行，甚至利用宣传栏和板报进行持续教育。为了提高效果，培训可以与其他安全教育活动结合进行。最终通过评估来验证培训成果，并决定是否需要采取额外措施以达成培训目标，确保所有人员在紧急情况下能够迅速且有效地行动。

第四节　应急响应的实施过程

一、应急响应过程

（一）识别在什么条件下开始实行响应

从环境救援的目的出发，只要准备得当，所有紧急情况都应该做出响应，但响应方式很多。如果在初级阶段，则应采取措施消灭隐患，控制事态的发展；如果在事故的中级阶段，则一方面组织抢险，另一方面寻求社会支援，防止事态的扩散；如果是事故后期，已无法控制，则要不惜一切手段疏散人员，确保人员不受伤害；如已发生人员伤亡，则在确保救援人员安全的前提下，展开人员抢救；同时尽快采取环境影响控制措施，以减少对管理不利的环境影响。启动应急情况的响应是十分复杂的，但是事故报警、人员疏散和防止新伤害的发生是现场应急人员必须掌握和控制的应急事项。是否快速地展开救援则是应急指挥人员在现场应该考虑的问题，同时，还应该果断地决定是否放弃救援，这需要应急指挥人员对于启动应急还是放弃应急的判断和把握。这里提出以下职责。

第一，评估事故的严重性、性质、环境影响范围、产生的损失及后续问题，评估救援的时机与成功率以及应急资源的适用性。

第二，明确应急响应的前提条件，只有在判定可控性时才能采取行动。

第三，救援人员的状态和响应速度是衡量应急成效的关键，评估准备时间与风险是制订应急计划的基础。

第四，应急反应条件要与企业价值观紧密结合，确保人员安全。

第五，应急条件是不断变化的，救援方式和决策应具备灵活性。应急操作的核心包括现场报警、动员企业内部应急资源以及应急指挥与执行。

应急响应启动与运作的重点是施工现场突发情况的报警，企业范围应急资源的动员，企业应急响应的指挥和实施等。

（二）明确和选择应急响应的程序

针对不同的潜在事故和紧急情况，制定有针对性的抢救措施，以确保在紧急情况发生时，能按照所制定的措施展开救援行动，防止在施工现场由于应急

响应程序的模糊化，导致应急风险的加大。应急决策是决定应急成败的关键过程，应该把前面研究的相关价值观引入决策过程，充分体现污染预防、人文思想和以人为本的原则，具体应急响应过程应遵循以下原则。

1. 执行预案而不唯预案的原则

应急预案是针对可能发生的事件提前制定的行动指南，但现实中的施工现场多变，紧急情况各异，不会完全符合预案的设想。因此，当紧急事件发生时，必须依据现场具体情况判断，灵活调整应对措施，优先确保人员生命安全。这种调整不是随意而为，而需经过授权的指挥人员按照现场实际情况统筹兼顾，以生命安全为首要原则，同时尽量减少环境损害和财产损失。我们在施工现场中要将人的生命放在至高无上的位置，确保每位工作人员的安全，并彰显人文关怀与生命至上的价值导向。

2. 分工协作的原则

根据应急预案，每个响应小组及其成员都被赋予了明确的角色和职责，这是为了最大限度地避免紧急情况下的混乱，保障应急行动的快速和准确执行。在实际的紧急响应中，人员应严格遵守预案规定的职责分工，同时要展现出团结和协作的精神，不仅要完成自己的任务，还要在可能和必要的情况下支援其他关键的应急活动。现场的应急指挥人员要持续监控事件进展，并根据实际情况灵活调整行动计划。完成紧急响应和救援活动之后，应该对整个过程和预案本身进行彻底的评估，找出不足之处，并据此调整和完善预案，以实现应急管理的持续改进。这种改进措施不应局限于一个特定的事件现场，而应被推广到企业所有相关的施工现场，从而提升整个组织的应急响应能力，确保未来能够更有效地处理类似的紧急情况。

3. 其他应急行动的相关研究

在应急活动开始后应急小组成员应牢记分工，按小组行动，服从指挥。应急小组成员在接到报警后，带好随身抢险物品和个人安全防护用品迅速各就各位（规定就位时间）。但是，与其中的就位时间相对的是应该在行动前进入相关的应急启动位置。

（1）建立应急救援安全通道体系

①应急计划中，根据工地的总体布局、建筑施工进度和特殊性质，设计多样化的紧急撤离路径，包括纵向逃生通道、横向逃生路径以及与外部环境的联

络通道。为应对突发事件导致的现场环境变化，需准备多套撤离方案，以保障救援路径的高效启用。

②应急通道平面布置图应张贴在施工现场显眼处，救援路径的进出口、转折点和岔路口要设置明确的指向标识，以确保救援通路随时畅通无阻。

（2）建立通信体系

应急预案中必须确定有效的可能使用的通信系统，以保证应急救援系统的各个机构之间有效联系。建立有效的通信体系，主要是确保以下有关人员的通信联络畅通。

①救援人员相互之间的联系。

②现场指挥官与救援人员的联系。

③不同救援组织之间的协调。

④救援指挥中心与外部救援机构的对接。

⑤救援指挥中心与伤者家属的沟通。

⑥救援指挥中心向政府监管部门的实时汇报。

⑦救援指挥中心与媒体的信息交流。

⑧救援指挥中心与其他认为必要联系的个人及部门的联系。

在应急通信的准备上，应综合考虑不同手段的适用性，防备可能发生的通信中断风险。预案中应包含现代技术和传统方式的备选方案，以免通信受限影响紧急响应效率。

（3）建立受影响区域的疏散机制

深入分析施工现场及其附近区域，创设紧急情况下的周边疏散策略，确保能够迅速形成高效运作的安全撤离网络。在紧急情况发生时，应急小组的负责人负责发布疏散命令，安保团队负责指引受影响居民迅速通过既定的疏散路径撤离安全地带。

（4）建立交通管制机制

交通管制机制由事故现场警戒和交通管制两部分构成。

①事故现场警戒。一旦发生事故，周边区域须立即进行隔离警戒。这一措施的目的是确保事故现场的安全，维护现场秩序，避免外部干扰，并尽可能保障现场人员安全。

②交通管制。事故发生时，应迅速联络交通管理部门，对事故地点及其周

围道路进行有效控制，这主要是为了确保救援车辆和人员能够畅通无阻地进行救援工作。

（5）现场急救

现场医疗救护组在外部救援人员未到达前或将伤者送医院前，对受害者进行必要的抢救，抢救前首先对伤者的伤情进行检查和判断，然后进行有针对性的救援。

①现场急救的原则。第一，抢救伤者要及时，体现时间就是生命；第二，抢救方法要得当，避免二次伤害；第三，实施现场急救与送医院救治相结合的原则；第四，优选至距离现场最近的医院救治的原则。

②现场急救的注意事项。第一，保持通信畅通，以利于及时沟通；第二，确定事故类型、伤害形式和范围；第三，确定人员伤害情况；第四，掌握天气变化情况（电话咨询、气象预报）；第五，确定现有资源是否满足救援需要（人力、物资和设备），是否需要外援；第六，根据上述情况实施救援行动。

③应急救援行动中的人体工效学和心理学要求。在应急救援活动中往往需要应用现代管理科学理念，包括人体功效、心理安全、价值观等在救援工作中的应用。

④防止应急救援过程中发生二次伤害和二次污染。应急管理中的环境因素、危险源识别及风险评价的主要目的是防止应急过程中发生的二次污染和伤害。

⑤事故调查和生产恢复。事故发生后，有关人员接到伤亡事故报告后，要迅速赶到事故现场，立即采取有效措施，指挥抢救受伤人员，同时对现场的状况做出迅速反应，排除险情，控制污染，防止事故蔓延扩大，稳定人员情绪，要做到有组织有指挥。同时，要严格保护好事故现场，因抢救伤员、疏导交通、排除险情等原因，需要移动现场物品时应做出标志，绘制现场简图，并做出书面记录，妥善保存现场重要痕迹、物件，并进行拍照或录像。必须采取一切可能的措施，如安排人员看守事故现场等，防止人为或自然因素对事故现场的破坏。清理现场必须在事故调查取证完毕，并完整记录在案后方可进行。同时，还要制订详细的恢复生产技术方案。特殊情况需立即恢复生产的，应取得批准，并在确保现场音像记录清楚的前提下进行。

⑥心理干预工作的实施。在研究过程中，心理活动一直是救援和被救援

人员的重要因素。为了保证应急的过程质量，心理活动的干预和治疗是随时应该配套实施的。心理干预应该建立在以人为本的基础上，必须考虑人的心理安全需要。实践中，把心理安全放在应急救援的重要位置。

二、应急响应预案的测试

（一）应急管理的测试

应急管理的重要组成部分是应急响应预案（计划）。应急响应预案的成效往往在于测试的结果。因此，应急响应预案的测试是应急管理十分重要的工作。目前由于许多应急响应预案（计划）没有条件提前演习，因此，相应的测试存在客观评价性严重不足的问题，应完善应急前准备工作的检查和应急响应过程的监视、测量。应急准备工作质量决定了应急能力的水平。主要包括以下内容：应急准备措施的到位率，灭火器、消火栓等消防设备的配备，报警设施、应急照明和动力的完好情况，紧急通道的设置和畅通情况，人员逃生工具，人员安全避难所，危急隔离阀、开关和断流器，人员急救设备（药品、绷带等），通信设备。

（二）应急管理测试的实施

由于应急测试的难度，因此以上内容应该在策划确定时，注意关注实施测试的可行性。要确保上述目标不仅能够实现，而且便于在应急过程及时测量。主要包括如下。

第一，针对不同的紧急情况，事先规定测量点和监测参数。如伤员伤势的检查和判断、应急处理效果的动态判断等。

第二，在应急过程中由责任人及时实施测量，并迅速传递信息，由现场应急指挥人员修改应急指令。

第三，测量的关键内容包括应急过程的风险变化和风险变化趋势、应急措施的有效性和趋势评估。

（三）应急测试的方法

对于施工现场的应急预案，其测试周期应根据具体条件灵活调整，通常不会超出半年的上限。鉴于施工场地的人员更迭及环境变化都较为迅速，演练的安排需随着项目进度和人力配置的更新而及时更新。尤其在项目进展至新的阶段或人员构成发生较大调整时，应迅速开展应急预案演练。

演练手段多样，包含现场实操和电脑仿真等。其中，现场实操因其接近真实情况的特性而更受青睐。演练的目标是验证应急预案的核心部分是否高效，以及整个流程有无缺陷。此外，还能够评价特定项目面对紧急状况的反应能力、明确各团队及成员的责任、优化不同团队间的合作、考核人员对预案和操作程序的理解与技能、评估培训成果，进而确定进一步培训的方向。通过调节演习难度，还能够提高人员的专业素养及能力，并修正预案中存在的问题。

应急预案的种类繁多，每一种都有其独特之处。在规划演练内容、情景、频率及评估方法时，都必须遵循相关法规、标准和预案的要求。在演练的组织执行过程中，还必须确保得到公司层的重视，科学规划，紧密结合实际情况，突出关键点，周密安排，统一指挥，分步实施，并注重实效。

在进行现场实操演练时，应依照既定方案，真实再现紧急状况，并根据预设的应急响应流程和任务分配进行操作。场景模拟需贴合实际，不能贪图省事而省略重要细节。例如，火灾情况，在多数施工现场虽有应对预案，但实际演练中往往缺乏真实的模拟，大多仅停留在消防训练层面，而非全面的火灾应急预案。这样的做法无法全面评估预案的适用性和有效性。因此，在条件允许的情况下，应尽量营造真实的演练场景，或在无法实现时，利用计算机模拟，尽量贴近实际情况。

如果条件许可，现场还可以邀请外部应急服务加入演练，或提前与周边社区沟通，利用可用资源，共同开展应急预案。

（四）应急预案的评估

应急预案的评估包括应急准备方面的评估、突发事故发生后的评估和其他方面的评估。由于现有人员素质和施工事故发生后紧急情况的预测难度，因此应急预案的评估是十分困难的。

1. 现场评估的内容

在绿色建筑施工项目中，项目经理部负责定期对应急预案进行全面的评审，通常在开工后每隔半年以及每次实施预案启动与演练之后进行。这一过程不仅包括对应急预案本身的审视，还结合项目的安全与环境管理方案，确保预案的实用性和时效性。评审的关键在于对现有应急措施的准备情况、人员的配置以及响应措施是否有效和适宜进行深入分析。尤其要对事故现场人员的抢救能力和绩效进行审慎评估，以及他们对环境影响的即时控制和事后长期影响的控制能力。如遇紧急情况，相关信息需被收集和分析，以识别事故原因，并对应急救援预案的各个方面的有效性进行检验，这对于预案的改进、补充和更新至关重要。评审工作需由项目经理牵头，涵盖应急小组的主要成员、专职的安全和环境工作人员以及各专业分包商的安全和环境负责人等必要人员，并且要求对评估结果进行记录存档。尽管评估工作面临着因现场不确定性和人员素质等因素导致的预测难度，但确保应急情况评估的预测水平依然是管理工作的一个重要组成部分。

2. 应急预案评估方法

（1）编制头脑风暴情景设计

编制头脑风暴情景设计是一种基于潜在风险的情景分析方法，它要求详细叙述并构建一系列虚构的事故发展场景。这些场景涵盖了从重大事件到次要事件的各种可能性，以此作为引导，促使应急团队在模拟练习中不断地做出反应，进而对整个应急计划的有效性进行全面评估。在设计这些情景时，必须明确指出事故发生的时间、地点、类型、影响区域以及当时的气象状况，为救援人员在模拟事故中的决策和紧急行动提供初始背景。这些情景不仅要在情景说明书中进行详细的描述，还需要通过一系列精心控制的信息传递给参与评估的专家团队，以确保信息通过电话、无线通信、传真、手动传递或口头传递等方式有效传达，从而使专家能够根据事故发展的各种变量进行实时的响应和决策。

（2）头脑风暴评估实施

在这个阶段，鼓励专家摆脱传统思维限制，运用“自由想象”来预测和应对紧急事件的各种可能。通过对多种不同情境的模拟，专家的判断力和问题解决能力得到锻炼，从而提高现实中应对紧急情况的效率。评估组织者起着关键的指挥和监督作用，他们确保信息的精确传达，同时监控整个过程，确保每一步都符合预设的目标。这包括及时介入以防止专家的行动偏离既定目标，或是在必要时采取措施纠正偏差。强化的“刺激行动”被用来中断那些可能对评估结果造成不利影响的行为，但这种干预应尽量谨慎，以确保能够引导团队回归正确的方向，同时维持一个开放和非指责的评估环境，促进专家的积极参与性。这样的实践不仅加深了对各种紧急情况复杂性的理解，而且也提升了整个团队处理突发事件的综合能力。

（3）应急测试的评价、总结与追踪

通过深入分析测试情况，评价人员能够全面审视测试是否满足了既定目标，同时识别出任何需要改进的领域。这一过程通常涉及多种方式的反馈，包括访谈、汇报和协商等，使得参与人员有机会进行自我反思，加强自我评价。在整个评价过程中，公开会议和通报也起到了信息透明和共享的作用。完成这一阶段后，测试报告将详细记录下所有细节和评价结果，为后续步骤提供依据。接下来的追踪阶段，测试小组将负责促进应急组织对演习中发现的问题进行持续解决。这包括对问题根源的深入分析、提出和实施纠正措施，以及确立完成这些任务的时间表。专门的人员将被指派负责监督这些纠正措施的执行情况，确保所有发现的问题得到及时且适当的处理，以此提高应急准备和响应的整体效率。

（4）应急预案的改进和修订

在进行应急预案的评估与修订时，重点在于深入分析实际测试和现场响应所揭示的问题。这个过程要求细致考察应急准备的全面性以及响应的时效性、准确性和实效性。通过这样的评审，可以明确指出在准备和响应链条中的薄弱环节。为了强化这些环节，需要采取一系列措施，包括但不限于优化预案流程、更新操作协议、提供更有针对性的培训以及增进设备和技术的适应性。这样的修订并非一次性的过程，而是一个持续的循环，需要根据评估结果定期进行。如果必要，可以提升评估和测试的频率，以确保反馈机制的及时和有效，这样可以更有效地减少紧急情况可能导致的伤害和损失，提升整体的安全管理水平。

三、应急准备与响应过程

（一）常见危险的环境物资

氧气、乙炔、油漆、木材、建筑垃圾、易燃装饰材料等。

（二）施工过程的重点应急场所

电气焊作业点、木工棚、装饰作业点、仓库、食堂。

（三）基本应急准备措施

氧气和乙炔瓶必须放置在拥有良好通风的专用仓库内，并确保它们之间的距离不少于 6 米，从而最大限度地降低发生意外时的连锁反应风险。同时，为了应对可能发生的火灾事故，根据《施工现场消防平面布置图》的明确要求，在关键作业区域如电气焊作业点、木工棚、装饰作业点、仓库及食堂等，均应配置充足的消防灭火器，数量和类型需满足规定标准，确保在火情发生时能迅速扑灭初期火灾。此外，建筑垃圾的集中堆放也不可忽视，必须指定专人负责管理，既保持施工现场的整洁，也避免垃圾成为潜在的火灾或环境污染源。这些措施共同构成了施工现场的基本应急准备，旨在通过有效管理和应对措施，提升现场的安全防范能力。

（四）应急处理措施

应急处理措施的核心在于构建一个有效的应急响应组织架构，确保所有工作人员和管理人员都接受全面的岗位教育、消防知识教育以及应急准备和响应培训。这一过程需要定期地复查和更新，以维持应急准备的时效性，同时详细记录下每一次的检查结果。在紧急情况发生时，响应速度至关重要，必须立刻实施已经预设的“紧急事故处理流程”。要执行相应的应急措施来控制情况并尽量避免事态的进一步恶化。在确保所有人员的安全撤离后，相关团队要采取适当行动以减轻对环境的影响。事故处理完毕后，必须编写详尽的应急准备和响应报告，并提交至上级管理部门审核。此外，项目部需组织专门人员对事故原因进行深入分析，并根据《纠正和预防措施程序》制定出相应的改正措施，不仅要实施这些措施，还要持续跟踪其效果，以确保所有潜在风险得到有效管理和控制。

（五）二次污染预防的管理

在紧急预案中应制定明确的指导原则和操作程序，以防止污染物在环境中因物理、化学或生物作用而转化成更有害的形态。管理措施应包括对潜在的化学反应和生物转化过程的监控、评估和控制，以确保施工活动不会引起污染物的进一步转化。例如，对于建筑施工过程中可能产生的有害化学物质，应该采取封闭管理和局部排风等措施，减少它们与环境中其他成分的接触机会，从而降低生成次生污染物的风险。此外，通过定期检测和环境监测，可以及时发现和处理二次污染问题，同时对施工人员进行专业培训，以提高他们对二次污染防控的认识和能力，是确保绿色建筑施工环境安全的关键措施。

第五章

绿色建筑施工成本管理

随着社会的可持续发展，面对日益严峻的气候环境以及有限的可利用资源，作为高耗能的建筑行业，尤其受到威胁。因此，绿色、环保、低碳的建筑理念越来越被重视。绿色建筑的发展进一步推动了绿色建筑的规模化发展进程。

第一节　建筑施工项目成本概述

一、成本的分类及意义

（一）成本的分类

1. 按成本控制的标准划分

在绿色建筑施工成本管理中，成本按控制标准的不同可划分为目标成本、计划成本、标准成本和定额成本四种类型。目标成本关注的是企业在特定生产经营周期内旨在实现的成本预设，它通过控制劳动与物资的消耗来降低产品成本，从而达到企业设定的利润目标。为达此目的，目标成本需要基于预期利润进行科学的预测与预算。计划成本则基于特定期间内的消耗定额和相关数据来设定，反映了该计划期望达到的成本水平，作为成本控制的努力方向。标准成本以正常生产条件下的标准消耗量和价格来计算单位产品成本，一旦确定通常不再做出调整，任何实际成本与之间的偏差都可以通过差异分析来体现，从而掌握成本控制的精准度。而定额成本是依据执行的成本定额来计算的，比较实际成本与定额成本之间的差异，有助于揭示成本偏差的原因，进而采取相应的改进措施，提升经营管理效能。这四种成本分类方法在绿色建筑施工管理中发挥着至关重要的作用，不仅有助于成本的精确控制和成本效益的最大化，而且也是实现绿色施工、可持续发展的关键。

2. 按计入产品成本的方法划分

在划分成本时，我们通常将其区分为直接成本和间接成本，这种划分基于成本计入产品的方式。直接成本，也被称为直接费用，包括那些能够直接分配到具体建筑项目的费用。这些通常涉及直接物料、人工、设备的使用等，每一笔开支都能直接与建筑项目的某个部分或功能相联系。例如，混凝土的成本可以直接归属于基础工程，而施工现场的工人工资则直接关联到施工作业。与之相对的是间接成本，它们不直接关联到某一个具体的建筑项目部分，而是需要通过一定的分摊标准计入成本。间接成本包括管理费用、设备折旧、租金以及与项目间接相关的服务费用等。这些费用虽不直接关联到产品的生产，但对整个项目的正常运作至关重要。例如，施工现场的安全监督、质量控制以及项目管理等，这些都是间接费用，尽管它们不能直接分配到某一特定的建筑环节，但在整个建筑过程中起到了支持和保障作用。因此，在绿色建筑施工成本管理中，理解并合理分配直接成本和间接成本是控制总成本、提高经济效益的关键。通过精细化管理，能够确保每一分钱的投入都能促进项目的绿色可持续发展。

3. 按成本与产量的关系划分

成本根据与产量的关联性可被区分为变动成本和固定成本。变动成本，又称为变动费用，是指那些随着产量变化而增减的成本总额，例如原材料费用和直接劳工费用。这些成本在单位产品成本计算时保持恒定，因此，有效降低单位产品中的变动成本的关键在于提高效率和减少资源的消耗。固定成本，即固定费用，指的是那些在一定的生产量和业务范围内，其总额不会因产量的变化而有所改变的成本，例如设备折旧费用和管理人员的工资。这些成本按单位产品计算时，会随着产量的提高而降低，反之亦然。尽管这样，固定成本并非在所有情况下都保持不变，它们可能会受到业务规模扩张或缩减等因素的影响。因此，在绿色建筑施工项目中，通过精细化管理和科学决策，平衡好这两种成本，对于保持项目成本效益和推动企业可持续发展有着重要的作用。

（二）成本的意义

1. 成本是补偿生产消耗的尺度

为确保建筑项目能够持续发展，每一笔资源消耗，无论是物质用品、能源还是人力劳动，都必须通过成本的形成得以补偿。这种补偿机制确保了资源的合理利用和再生产的可持续性。成本的核算不仅仅是一种计量手段，它在深层次上体现了资源消耗与企业盈利之间的直接联系。只有当企业的经济收益超越了这些成本，即资源消耗价值得到了超额补偿时，企业才能实现盈利。因此，在绿色建筑施工中，严格控制成本，意味着对资源消耗的精确计量和有效管理，这不仅关系到项目是否能够成功交付，而且直接关系到企业的经济效益和市场竞争力。通过精细化成本控制，企业能够确保在生产过程中的资源消耗得到适当的补偿，从而推动绿色建筑行业的可持续发展。

2. 成本是制定价格的重要依据

商品的生产是一个复杂的过程，涉及原材料的消耗、劳动力的投入以及生产设备的折旧等多方面的成本。这些成本元素共同决定了商品的自成本价值，而在市场经济中，商品的价格需要反映其价值，以确保制造商的利润与参与者的合理回报。由于直接计算产品的实际价值常常存在困难，成本数据因此成为估算商品价值的实用工具。成本的计算为商品定价提供了一种实际可行的方法，使商品的市场价格能够在一定程度上反映其生产成本，并为商家和消费者提供交易参考。在这个意义上，成本不仅是生产过程中物质和劳动的量化，而且也是市场经济中商品定价的基础。绿色建筑施工项目中，成本管理的精确性更是影响项目可持续性和环境效益的重要因素，因为这些项目强调资源效率和环境影响的最小化。因此，将成本管理作为制定绿色建筑施工项目商品和服务价格的重要依据，是确保项目经济性与环境目标双重成功的基石。

3. 成本是进行经营决策、实行经济核算的工具

在面对重大的生产经营决策时，企业依赖于对成本的深刻理解和分析来预测各种决策方案的经济后果。产品成本的计算不仅揭示了生产费用的实际情况，也指导了资源的高效利用和费用的最优控制。通过将成本细分为不同层级的消耗指标，企业能够更为精确地监控和管理各环节的开支，确保每一分钱的投入都能产生最大的回报。这种方法使企业在制定成本预算、控制日常开销以及定期进行成本效益分析时更加得心应手，进而有效地降低不必要的支出，并提升盈利能力。在绿色建筑施工中，随着环保标准的提升和可持续发展目标的推进，精细化的成本管理变得尤为重要，它不仅直接关系到项目的经济效益，更有助于推动整个行业向生态和经济双重可持续的未来迈进。

二、建筑施工项目成本的组成及分类

（一）生产成本

在实施绿色建筑项目时，各种材料的消耗不仅要满足施工需求，还要考虑到材料的环保标准和可持续性，这通常意味着选择成本更高但对环境影响更小的材料。施工机械和生产设备的使用过程中，除了基本的折旧和维护费用，还

要考虑到设备的能效比和环境排放标准，选择低碳排放的设备可能会增加初期投资，但长期来看能减少能源消耗和环境污染。施工人员的工资支付是项目成本的直接组成部分，而绿色建筑施工可能需要更多具有专业技能的工人，这些工人往往需要更高的薪酬。此外，管理费用在绿色建筑项目中也不容忽视，项目管理团队需要对绿色建筑标准有深刻理解，并负责确保施工过程中的环境管理和持续改进，这可能需要额外的培训和监督成本。因此，生产成本的合理控制和优化是实现绿色建筑项目经济可行性的关键。

（二）质量成本

质量成本是指工程项目部为保证和提高建筑产品质量而发生的一切必要费用，以及因未达到质量标准而蒙受的经济损失。一般情况下，质量成本分为以下四类：工程项目内部故障成本（如返工、停工、降级、复检等引起的费用）、外部故障成本（如保修、索赔等引起的费用）、质量检验费用、质量预防费用。

（三）工期成本

工期成本涉及确保建筑项目按时完成所需的各种费用，它反映了时间管理在施工过程中的经济价值。为了遵守预定工期，项目部可能需要采取加班加点、引入额外的劳动力或使用高效的施工技术和机械设备，这些都会产生额外的成本。在项目施工阶段，对工期的严格控制至关重要，因为任何延误都可能导致直接和间接费用的增加。直接费用包括加速施工作业所需的额外人工和设备使用成本，而间接费用则包括项目管理和场地租赁成本的增加。此外，如果项目延迟导致未能按合同规定的时间交付，则可能涉及工期索赔，这会给项目带来额外的财务负担，如违约金或滞纳金。为了避免或减少工期成本，项目管理团队需要仔细规划施工进度，合理调配资源，并采用有效的风险管理策略，以应对可能出现的延误风险。有效的工期成本管理不仅有助于控制项目预算，还能提高项目参与方的信任度和满意度，从而增强公司的市场竞争力。

（四）不可预见成本

在绿色建筑施工项目中，除了明确可预计的生产、质量和工期成本之外，还存在一些不可预见的费用，这些成本多数是由突发状况或外部因素引起的，往往难以在项目初期进行准确预估。例如，扰民费可能产生于施工活动对周边居民生活造成影响时，为了减少干扰或作为补偿而支出的费用。资金占用费则是指在施工过程中，由于资金滞留或者延迟支付导致的额外财务成本。安全事

故损失费是施工中最不希望看到的成本，它关联着人员伤亡或财产损失，以及随后可能产生的赔偿和法律责任。政府部门罚款可能由于未能遵守相关法规、条例或建筑标准而产生，这在绿色建筑施工中尤为重要，因为环保法规往往比传统建筑更为严格。这些不可预见成本对项目的总体预算和利润空间具有显著影响，因此管理团队需要采取先进的风险管理方法和缓解策略，如进行风险评估、制定应急预案以及采用保险等金融工具来转移风险。通过这些手段，虽然无法完全避免不可预见成本的发生，但可以在一定程度上控制其对项目整体经济性的影响。

第二节　建筑施工项目成本管理的组织与职责

一、成本管理的层次划分

（一）公司管理层

这个层级的管理机构，通常不局限于法律意义上的公司定义，它可以是任何具有独立经营和管理职能的一级机构。这样的机构在上级公司的支持与授权下，负责独立执行施工项目的经营管理工作，它承担着项目施工的组织和领导职责，直接对施工成本的控制与优化负责。公司管理层的任务不仅包括对项目施工成本的直接管理，也涵盖对成本管理体系的组织、监督和考核。它需要确保施工过程中的每一项决策和操作都符合绿色建筑的经济效益和可持续性标准。此外，这一层级需要根据企业的具体管理模式和施工项目的需求，制定和执行成本控制策略，同时也要不断地评估和优化成本管理流程。公司管理层的高效运作对于推动整个项目向绿色建筑目标迈进至关重要，它不仅影响着项目的经济效益，还关系到企业在绿色建筑领域的声誉和竞争力。通过精细化管理和创新思维，公司管理层能够在确保项目质量和环境效益的基础上，实现成本的有效控制和资源的最优配置。

（二）项目管理层

该层级的构建旨在确保对施工现场的直接和有效管理，其职权来源于公司管理层的授权。在遵循公司层面制定的策略及方针的同时，项目管理层必须考虑到工程项目本身的具体需求和特殊性，从而制定出针对性的成本管理组织结构和人员配置。这一层面的工作并非孤立进行，它必须在公司管理层的领导和监督下展开，以确保施工成本的有效控制，同时也肩负着推动成本降低的任务。项目管理层在此过程中不仅是执行者，更是决策者和监督者，可以确保成本控制措施得以贯彻执行，并在施工全程中实时监控成本动态，调整管理策略以应对可能出现的各种风险和挑战。通过这样的层级管理体系，项目管理层确保了整个工程项目的成本效益最大化，为实现绿色建筑施工的经济可持续性提供了坚实的管理基础。

（三）岗位管理层

岗位管理层在绿色建筑施工成本管理中扮演着基础而关键的角色，它涵盖了项目经理部中的各个管理岗位人员。这些管理人员的职责是执行和践行公司与项目经理部设定的成本管理制度和程序。具体来说，每个岗位的管理人员都有其明确的成本责任指标，他们需在项目经理部的指导下进行日常的成本控制活动，确保在其职责范围内的成本得到有效管理，并且符合绿色建筑的标准和原则。

岗位管理层的工作不仅包括对材料、人工和机械等直接成本的监控，还需对项目过程中的环境影响和资源效率进行考量。例如，他们可能会负责寻找替代材料，以降低环境成本和提高资源的循环利用率。此外，岗位管理层还需要监测与报告所有与成本相关的偏差，并制定相应的纠正措施。

岗位管理层、项目管理层和公司管理层构成了一个互相联系和互相制约的管理体系。在这一体系中，岗位管理层直接对项目管理层负责，而项目管理层则对公司管理层负责。这样的层级关系确保了成本管理职能在各个层面得到有效执行。为了维持这一系统的高效运作，各层级之间需要进行定期沟通，分享信息并协同解决成本管理过程中遇到的问题。通过这种协作，绿色建筑施工项目不仅能够在财务上保持竞争力，还能在环境和社会责任方面表现出色。

二、成本管理的职责

（一）公司管理层的职责

公司管理层是施工项目成本管理的最高层次，负责全公司的成本管理工作，对成本管理工作负有领导和管理责任。其具体职责如下。

第一，负责制定成本管理的总目标及各项目（工程）的成本管理目标。

第二，负责本单位成本管理体系的建立及运行情况的考核、评定工作。

第三，负责对成本管理工作进行监督、考核及奖罚兑现工作。

第四，负责制定本单位有关成本管理的政策、制度、办法等。

（二）项目管理层的职责

公司管理层对施工项目成本的管理是宏观的。项目管理层对施工项目成本的管理则是具体的，是对公司管理层施工项目成本管理工作意图的落实。项目管理层既要对公司管理层负责，又要对岗位管理层进行监督、指导。因此，项目管理层是施工项目成本管理的主体。项目管理层成本管理工作的好坏是公司项目成本管理工作成败的关键。项目管理层对公司确定的项目责任成本及成本降低率负责。其具体职责如下。

第一，遵守公司管理层制定的各项制度、办法，接受公司管理层的监督和指导。

第二，在公司的成本管理体系中，建立本项目的成本管理体系，并保证其正常运行。

第三，根据公司制定的成本目标，制定本项目的目标成本和保证措施、实施办法。

第四，分解成本指标，落实到岗位人员身上，并监督和指导岗位成本的管理工作。

（三）岗位管理层的职责

岗位管理层对岗位成本负责，是施工项目成本管理的基础。项目管理层将本工程的施工成本指标分解时，要按岗位进行分解，然后落实到岗位，落实到人。其具体职责如下。

第一，遵守公司及项目管理层制定的各项成本管理制度、办法，自觉接受公司和项目管理层的监督、指导。

第二，根据岗位成本目标，制定具体的落实措施和相应的成本降低措施。

第三，按施工部位或按月对岗位成本责任的完成及时总结并上报，发现问题要及时汇报。

第四，按时报送有关报表和资料。

第三节　建筑施工项目成本管理的原则

一、领导者推动原则

企业的领导者不仅承担着企业财务的整体责任，而且在工程施工项目的成本管理中发挥着核心作用。领导者的任务是制定明确的成本管理方针和实现目标，为成本控制的长期持续性奠定基础。这包括设计和实施一个全面的成本管理体系，确保这一体系能够适应不断变化的市场和技术环境。同时，领导者必须致力于创造一个能够激发全体员工参与的环境，使他们认识到自己在成本控制过程中的作用，并激励他们为达成成本目标而共同努力。为此，领导者需要优化内部沟通渠道，确保信息流动畅通，员工能及时了解成本管理的最新动态和公司的预期目标。此外，领导者还需确保员工能够接受适当的成本管理培训，以增强他们的成本意识和管理能力。通过这种方式，领导者不仅推动了一个以成本控制为中心的企业文化，还确保了绿色建筑项目能够在严格的成本约束下实现经济可持续性和环境效益。

二、以人为本、全员参与原则

绿色建筑施工成本管理是一个涉及多方面的综合性工作，其成功的实施依赖于每个员工的全面参与和贡献。在这个过程中，人是核心，因为成本管理的有效性直接取决于员工的积极性、创造力以及他们对工作的投入程度。从项目的进度到质量，再到安全、施工技术、物资、劳务、计划统计及财务管理，所有这些领域的管理工作都紧密联系着成本，因此成本管理事实上是贯穿项目管理始终的纽带。加强这种全员参与的文化，不仅可以提升个人的责任感和归属感，也能够更好地促进团队之间的沟通和协作，进而形成一种集体努力以达成项目目标的动力。通过确保每个员工都了解其在成本管理中的角色和责任，可以显著提高整个项目团队对于资源的使用效率和控制成本的能力，从而推动绿色建筑施工项目在经济和环境双重目标上取得平衡发展。这种以人为本的成本管理模式不仅有利于项目目标的实现，而且也为企业持续发展和市场竞争力的增强打下坚实的基础。

三、目标分解、责任明确原则

管理层需将成本控制的总体目标细化为可量化的指标，这些指标不仅要体现在整个项目层面，而且更要深入项目管理的每个细分领域。通过定量的责任成本指标和成本降低率指标，成本管理的任务被一次性地分解到项目的各个部分，每个部门、每个团队乃至每位员工的工作都与成本目标紧密相连。随后，项目经理部进一步将这些指标细化，以确保每个参与者都能够明确自身的责任和目标。这种方法不仅促进了个体责任感的形成，而且也促使团队成员了解自己的工作如何与项目总体成本管理目标对接。通过明确的目标和责任分配，每位员工都能够直接看到自己工作成果对项目整体成本控制的影响，从而实现个人与团队之间的责任共担与目标同向。这种做法避免了项目管理中的无责任现象，每个人都不仅是在完成任务，而且是在为企业的稳定发展和成本效益最大化贡献自己的一份力量。

四、管理层次与管理内容的一致性原则

在绿色建筑施工成本管理中，企业不仅作为决策和利润中心，同时还承担着项目的成本中心角色，这一点在项目实施阶段尤为明显。项目地是企业的生产场所，其中的材料和半成品需要通过合理的流程，在空间和时间上实现有效转移。在这一过程中，资源的绝大多数价值转换和增值都将在项目现场完成，这不仅要求深度广度的管理，还要求管理者具备相应的责任感和成本控制能力。为了确保这些管理活动能够顺利进行，并且能够实现预定的工程管理和成本目标，必须建立起一套完备的管理体系，该体系应当包括清晰的责任分配和相应的权力授权。这样的一套体系能够保证管理层次和管理内容之间的一致性，以确保每个管理者都能在其职权范围内做出最合理的决策。如果管理层次与管理内容不能有效对应，或者职权分配不明确，就会导致责任、权力和利益之间的冲突，进而影响到整个项目的成本控制，甚至可能扭曲管理目标和结果，对整个项目的成功完成带来不利影响。因此，确保管理层次和内容的一致性，是实现绿色建筑施工项目成本控制目标的关键。

五、动态性、及时性、准确性原则

施工项目成本管理的动态性、及时性和准确性构成了其核心原则，能够确保管理活动有效地实现成本目标。这一原则强调成本构成的不断变化与项目进展的紧密关联，要求管理者实施连续的成本监控和调整。在实践中，这意味着成本信息必须及时且准确地收集和分析，以便为决策者提供可靠的数据支持，保障项目成本控制的实效性与适时性。透过对各种成本计划和消耗量计划的严谨编制，及对消耗和费用的细致统计，管理者能够确保成本核算的真实性和准确性。这是因为任何成本计划的偏差都会使得管理基准失准，而统计数据的不真实将直接导致成本核算结果的失真，引发决策失误。因此，实现成本管理的动态、及时和准确不仅是技术上的要求，更是管理哲学上的追求，它直接关系到施工项目能否在成本控制上取得实际成效，避免成为无实际效用的纸面规划。

六、过程控制与系统控制原则

施工项目成本管理中的过程控制与系统控制原则强调了施工过程中资源消耗的连续监测和综合考量。在实施成本控制时，关键在于对各施工环节中成本影响因素的深入分析，并且基于此制定相应的工作与控制流程。这种方法旨在确保成本的每一环节都能受到有效监管，从而实现持续的优化和改进。在这个过程中，我们必须意识到成本控制不是孤立的操作，而是一个系统性的活动。每一项成本节约措施都可能对整个项目的其他部分产生连锁反应，这就要求管理者在实施成本控制时，必须兼顾全局视角，对可能出现的成本转移和权衡效果有前瞻性的判断。这种方法不仅仅是为了某个单一环节的成本节省，更是为了整个项目的总体经济效益。它要求管理者在决策时考虑到各个部门的协调性和项目整体的最佳利益，避免由于过分强调某个部分的效益而忽视或损害整个项目的成本效益。综上所述，过程控制与系统控制原则在绿色建筑施工成本管理中，是确保项目经济效益最大化的基石。

第四节　建筑施工项目成本管理的内容与程序

一、建筑施工项目成本管理的内容

（一）项目成本预测

项目成本预测的核心在于利用专业知识及技术手段，对工程项目的未来成本进行分析与评估。它涉及对各项成本要素的细致研究，以及对市场动态的敏锐洞察，确保在项目策划阶段，管理团队就能够把握成本动态，识别潜在的风险和节约机会。在这个过程中，成本预测不仅关注数字的准确性，更重视预测模型的适应性和灵活性，使其能够随着项目进展和外部条件的变化进行调整。通过对成本的科学预测，项目管理团队可以在满足建设单位要求的同时，制定出合理的成本控制策略，从而确保项目能够在成本效益最优化的情况下顺利推进。这一预测不仅能够辅助决策者挑选出最符合经济效益和资源效率的方案，还能增强对项目成本走向的控制力度，降低不确定性带来的风险，从而为整个建筑项目的成本管理打下坚实的基础。

（二）项目成本计划

项目成本计划在绿色建筑施工中扮演着至关重要的角色，它不仅体现为一系列货币形式的预算清单，如细致列出在整个施工期间预期的生产费用、成本水平和成本降低目标等，还涉及为达到这些目标所需采取的策略和行动。这份计划是构筑成本管理责任制和实施成本控制、核算的坚实基础，为项目经理部提供了一份明确的成本控制蓝图。在绿色建筑施工中，严格控制成本不仅意味着经济效益的最大化，也体现了对环境资源的负责任态度。通过对成本的精确预测与周密计划，可以确保施工过程中每一分钱的支出都得到合理化、最优化的分配，同时还确保了施工活动符合绿色建筑的标准。这一计划覆盖了项目启动到完工的整个周期，可以确保所有成本相关决策都有据可依，从而在确保项目质量和可持续性的同时，达到成本效益的最佳平衡。通过这种方法，项目成本计划成了有效管理资源、优化施工流程和提升项目整体绿色表现的关键工具。

（三）项目成本控制

这一过程中，项目经理必须对成本影响因素进行细致的分析，识别出成本过高的原因，并迅速采取措施进行调整。成本控制的实施涉及对所有费用的严格审核，以确保每一笔支出都符合项目的预算标准。为此，必须实时监控成本动态，及时发现问题并提供反馈，促使项目团队能够快速做出响应以控制成本。此外，项目成本控制还需要对实际成本与预算成本之间的差异进行细致分析，找出成本超支的根源，并制订相应的解决方案。通过持续的成本控制和管理，不仅可以消减无谓的浪费，还能够在项目完成后总结出宝贵的经验，为未来的项目提供参考。这种全面的成本控制策略保证了绿色建筑项目从最初的招标投标到最终的竣工验收的每个阶段都能在经济上保持最优化，从而实现成本节约，确保整个项目的经济可持续性。

（四）项目成本核算

核算的过程需要对施工费用进行精确的归集和计算，以确保每一笔支出都在预定的成本开支范围内。这不仅包括直接费用，如材料、人工和设备使用成本，还包括间接费用，如管理费和固定资产折旧。通过对成本的严格核算，管理团队能够得到关于工程项目总成本和单位成本的准确数据。这些数据对于制定成本预测、计划和控制策略至关重要，并为成本分析和考核提供了坚实的基础。有效的成本核算不仅有助于及时发现成本超支的问题，而且还有助于评估项目各个阶段的经济效益，揭示成本节约的潜在领域。因此，对成本核算的细致关注能够显著提高项目的经济效益，确保项目能够在预算内顺利完成，同时还能够提升企业的整体财务健康状况。

（五）项目成本分析

通过将实际成本与预定的目标成本、预算成本及其他类似项目的实际成本相对照，管理者能够了解成本的波动情况，并从中识别出任何异常或趋势。分析不仅涉及成本的数值对比，还包含对主要技术经济指标如材料使用效率、工时效率和能源利用等的考量，这些指标直接影响成本效率和项目的整体可持续性。通过系统性地研究这些成本变动因素，管理者可以验证现有成本计划的合理性，并根据分析结果调整策略。项目成本分析的深层价值在于揭示成本变化的内在规律，并基于这些规律探索降低成本的可能路径。这种方法不仅提高了成本控制的有效性，而且有助于促进资源的节约和环境的保护，这对绿色建筑项目尤为重要。在持续的分析和改进中，绿色建筑施工成本管理将变得更为精细化，从而确保项目在经济和环境双重目标上达到最佳平衡。

（六）项目成本考核

这一过程涉及在项目完成之际，对参与项目的各个责任方，根据成本目标责任制度的规定进行绩效评估。考核工作是一种事后的成本效益分析，它通过将实际发生的成本数据与项目预算、定额标准以及既定的成本计划进行对比，以此评价整个项目的成本管理表现和个别责任者在成本控制方面的业绩。这种比较不仅揭示项目在财务管理方面的成功与否，而且也是对项目团队成员成本意识和管理能力的一种检验。根据评估结果，项目管理者会给予表现优异者奖励，以激励团队成员更加注重成本控制，同时对于未能达到成本管理目标的责任方实施处罚。这样的奖惩措施有助于提升员工对成本控制的重视，从而驱动整个组织在未来的项目中更加积极地参与成本管理，确保绿色建筑施工成本得到有效控制，提升企业的整体经济效益。

二、建筑施工项目成本管理的程序

建筑施工项目成本管理应遵循下列程序。

第一，掌握生产要素的市场价格和变动状态。

第二，确定项目合同价。

第三，编制成本计划，确定成本实施目标。

第四，进行成本动态控制，实现成本实施目标。

第五，进行项目成本核算和工程价款结算，及时收回工程款。

第六，进行项目成本分析。

第七，进行项目成本考核，编制成本报告。

第八，积累项目成本资料。

参考文献

[1] 冯江云.绿色建筑施工技术及施工管理研究[M].北京：北京工业大学出版社，2022.

[2] 赵永杰，张恒博，赵宇.绿色建筑施工技术[M].长春：吉林科学技术出版社，2019.

[3] 张立华，宋剑，高向奎.绿色建筑工程施工新技术[M].长春：吉林科学技术出版社，2022.

[4] 张甡.绿色建筑工程施工技术[M].长春：吉林科学技术出版社，2020.

[5] 杜涛.绿色建筑技术与施工管理研究[M].西安：西北工业大学出版社，2021.

[6] 董卫国，宋技，齐雪妍.绿色建筑施工与管理[M].天津：天津科学技术出版社，2021.

[7] 沈艳忱，梅宇靖.绿色建筑施工管理与应用[M].长春：吉林科学技术出版社，2018.

[8] 杨承惁，陈浩.绿色建筑施工与管理[M].北京：中国建材工业出版社，2020.

[9] 张燕梁，高瑞，刘晓峰.绿色建筑施工管理与工程造价[M].长春：吉林科学技术出版社，2022.

[10] 陈浩.绿色建筑施工与管理2022[M].北京：中国建材工业出版社，2022.

[11] 孙运雷.基于利益相关者视角的绿色建筑项目施工阶段风险评价研究[D].青岛理工大学，2022.

[12] 刘博.绿色建筑施工管理视角下项目经理胜任力要素研究[D].天津理工大学，2022.

[13] 年春光.装配式建筑施工绿色度测算方法研究[D].武汉理工大学，2020.

[14] 王艳.房屋建筑绿色施工技术应用研究[D].东南大学，2019.

[15] 刘申 . 基于 BIM 技术的绿色建筑施工项目进度优化研究 [D]. 华东交通大学，2019.

[16] 熊高祥 . 基于价值工程原理的绿色施工方案优选研究 [D]. 江西理工大学，2019.

[17] 汪洵 . 绿色建筑施工阶段风险管理研究 [D]. 天津大学，2019.

[18] 郭威东 . 绿色建筑施工质量控制方法研究 [D]. 兰州大学，2018.

[19] 逯俊甫 . 绿色建筑与绿色施工的应用研究 [D]. 安徽理工大学，2017.

[20] 张珉 . 绿色节能建筑施工管理研究 [D]. 中国科学院大学（中国科学院工程管理与信息技术学院），2017.

[21] 赵保奎 . 绿色建筑施工管理体系研究 [D]. 石家庄铁道大学，2017.

[22] 裴景希 . 高层建筑绿色施工成本分析与控制方法研究 [D]. 华东交通大学，2016.

[23] 崔显 . 绿色建筑施工技术集成创新研究 [D]. 青岛理工大学，2016.

[24] 陈桢 . 基于价值工程的绿色建筑施工项目成本控制研究 [D]. 吉林建筑大学，2016.

[25] 朱涵霄 . 基于绿色价值链的 M 建筑施工企业核心竞争力研究 [D]. 西安建筑科技大学，2015.

[26] 闫潇 . 绿色建筑及绿色施工评价体系的研究与实践 [D]. 河北工程大学，2012.

[27] 牛犇 . 绿色建筑开发管理研究 [D]. 天津大学，2011.

[28] 张丹 . 绿色施工推广策略及评价体系研究 [D]. 重庆大学，2010.

[29] 段春伟 . 建筑项目绿色施工评价体系建立研究 [D]. 北京交通大学，2008.

[30] 杜楠 . 绿色建筑与绿色施工评价研究 [D]. 华中科技大学，2006.

[31] 杨应栋 . 绿色建筑工程施工技术管理与评价 [J]. 居舍，2023（34）：121–124.

[32] 黄容 .BIM 技术在绿色建筑施工管理中的应用研究 [J]. 房地产世界，2023（20）：126–128.

[33] 马慧娟 . 浅谈 BIM 技术在绿色建筑施工管理中的应用 [J]. 住宅与房地产，2023（29）：59–61.

[34] 张亚楠 .BIM 技术在绿色建筑施工管理中的应用 [J]. 大众标准化，2023（18）：163–165.

[35] 孙海平 . 房屋建筑施工技术与绿色建筑施工管理研究 [J]. 陶瓷，2023（09）：211–212，227.

[36] 赵梦怡，李强 . 基于 BIM 技术的绿色建筑施工管理研究 [J]. 产业与科技论坛，2023，22（18）：213–214.

[37] 王存富 . 绿色节能建筑施工技术质量控制及管理 [J]. 产品可靠性报告，2023（07）：142–143.

[38] 汪瑞瑞 . 绿色节能建筑施工技术质量控制与管理 [J]. 陶瓷，2023（05）：194–196.

[39] 孙云峰 . 浅析绿色建筑施工管理及在建筑施工管理中的应用 [J]. 陶瓷，2023（04）：170–172.

[40] 吕素梅 . 浅论建筑工程施工与绿色建筑工程 [J]. 佛山陶瓷，2023，33（01）：101–103.

[41] 任晓亮 . 基于绿色节能背景下建筑施工技术的改创新与应用 [J]. 陶瓷，2023（01）：137–139.

[42] 张艺龄，陈惠娴，马星宇等 . 绿色建筑下的施工管理创新研究 [J]. 城市建筑，2022，19（24）：79–81，85.

[43] 杨愦绪，徐俊娇，王俊锋，等 . 基于低碳背景下的绿色建筑施工技术探讨 [J]. 陶瓷，2022（11）：160–162.

[44] 石海宾 . 绿色施工技术在建筑工程中的应用研究 [J]. 四川建材，2022，48（10）：123–125.

[45] 孟矗，汪兴文，刘赫 . 绿色建筑施工技术的实施与优化 [J]. 智能建筑与智慧城市，2022（08）：122–124.

[46] 何启明 . 绿色节能建筑施工技术分析 [J]. 大众标准化，2022（14）：155–157.

[47] 刘先国 . 房建工程绿色节能建筑施工技术要点及应用分析 [J]. 居业，2022（06）：146–148.

[48] 贺绪仲 . 绿色建筑背景下装配式建筑施工技术的应用 [J]. 陶瓷，2022（04）：153–155.

[49] 张小林 . 绿色施工技术在桥梁工程中的应用研究 [J]. 陶瓷，2022（04）：144–146.

[50] 潘嘉 . 浅谈绿色建筑施工技术质量控制措施 [J]. 房地产世界，2022（07）：119–121.

[51] 周琛 . 绿色建筑技术施工管理构建分析 [J]. 陶瓷，2021（11）：145–146.

[52] 薛长文 . 基于绿色理念的建筑施工技术分析 [J]. 四川水泥，2021（10）：120–121.

[53] 杜煌文 . 绿色节能建筑施工技术及实施关键点 [J]. 四川水泥，2021（09）：291–292.